생명공학의 최전선

생명공학의 최전선

초판 1쇄 발행	2024년 7월 11일
엮은이	마크 짐머
옮긴이	전방욱
펴낸곳	이상북스
펴낸이	김영미
출판등록	제313-2009-7호(2009년 1월 13일)
주소	10546 경기도 고양시 덕양구 향기로 30, 106-1004
전화번호	02-6082-2562
팩스	02-3144-2562
이메일	klaff@hanmail.net

ISBN 979-11-94144-01-4

* 책값은 뒤표지에 표기되어 있습니다.
* 파본은 구입하신 서점에서 교환해 드립니다.
* 이 책의 전부 또는 일부 내용을 재사용하려면 반드시 저작권자의 사전 동의를
  받아야 합니다.

생명공학의 최전선

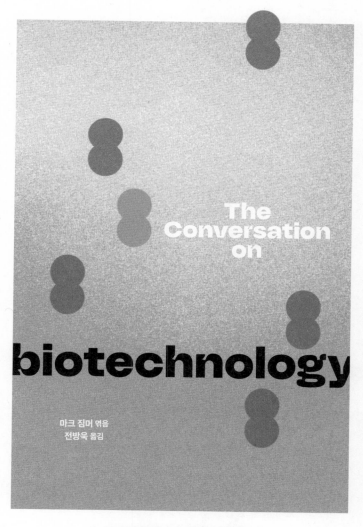

The
Conversation
on

biotechnology

마크 짐머 엮음
전방욱 옮김

유전자 편집과 GMO 논쟁에서
디자이너 베이비와 유전질환 치료까지

이상
북스

일러두기

1. 원어나 한자 병기는 가독성을 위해 명확한 의미 전달에 필요한 경우
    에 한했다.
2. 괄호 안에 둔 짤막한 설명 글 중 '옮긴이'라고 적은 것 외의 것은 모두
    저자의 것이다.
3. 책 제목은 《 》, 잡지·보고서·드라마·영화 제목은 〈 〉, 신문기사·논문·
    시·그림·노래 제목 등은 " "로 표기했다.
4. 본문에 언급되는 도서 중 한국어판이 있는 경우 한국어판 제목을 쓰
    고 원제는 생략했다.

역자가 《DNA 혁명, 크리스퍼 유전자가위》 등 여러 책을 쓰면서 많은 도움을 받은 '더 컨버세이션'이 그간의 기사들을 모아 단행본으로 발간하기 시작했다는 소식을 듣고 매우 기뻤습니다. 그 첫 모음집인 이 책 《생명공학의 최전선》(*The Conversation on Biotechnology*)은 생명공학 분야의 전문연구자들이 자신의 연구 분야를 요약 해설한 기사들을 묶었습니다. 생명공학의 다채로운 분야를 다룬 전문적인 내용이지만, 연구하는 사람만이 가장 쉽게 자신의 연구 분야를 설명하고 연구 배경과 전망을 개관할 수 있습니다. 비전문가의 요약본이나 교과서와는 근본적으로 차별화된 내용이라고 할 수 있습니다.

유전자 조작 식품 제조, 유전자 드라이브를 활용한 해충 박멸, 항생제 내성 박테리아 퇴치를 위한 크리스퍼 유전자가위 활용 기술 이외에도 mRNA를 활용한 백신 개발, 줄기세포를 3차원으로 조립하거나 3D 프린팅을 활용한 장기 이식이나 재생의학을 위한 오가노이드 기술, 유용한 단백질을 조립하거나 환경 오염 물질을 처리하는 데 사용되는 합성생물학 등 다른 책에서는 찾아보기 어려운 최신 연구 분야를 다루고 있다는 것도 커다란 장점입니다.

아울러 과학 분야의 저서들이 흔히 과학 내용과 장밋빛 희망만을 일방적으로 제시하는 데 비해 이 책은 특히 과학 윤리, 규제, 거버넌스에 대해서도 각 저자가 균형 있게 다룰 뿐 아니라 4부에서는 기술과 윤리 부분을 집중해 다루고 있어 첨단 생물공학에 대한 다양한 시각을 얻을 수 있습니다.

다만 분량이 많지 않은 책에 많은 내용을 담으려 하다 보니 아주 깊은 내용은 다루지 못한 아쉬움이 있습니다. 읽다가 흥미로운 부분이 있으면 관련 내용을 좀 더 심도 있게 다룬 전문 서적을 참고하면 좋을 듯합니다.

번역하는 과정에서 전문용어는 괄호 안에 '역자 주'를 달아 토론이나 논술을 준비하는 학생들도 어렵지 않게 읽을 수 있도록 배려했습니다. 부디 이 책을 통해 눈부시게 발전하는 생명공학의 명암을 제대로 알게 되기를 바랍니다.

2024년 6월
역자 전방욱

학자와 저널리스트의
협업으로 탄생한

　2014년 가을, 아내가 '더 컨버세이션'이라는 곳의 환경 및 에너지 부문 편집자 구인 공고를 알려주었다. 어려운 저널리즘 세계에서 혁신을 시도하는 여러 스타트업 중 하나인 이 회사에 대해 어렴풋이 들어본 적이 있었다. 나는 오랫동안 기자와 편집자로 일해 왔지만, 언론의 망가진 비즈니스 모델을 누군가 고칠 수 있을 거라는 낙관적인 생각은 거의 하지 않았다. 하지만 경력 기자들이 빠져나간 공백을 대학 교수와 연구원으로 채우겠다는 이 회사의 접근 방식에 흥미를 느꼈다. 나는 편집장에게 이메일을 보내 인터뷰를 요청했다.

보스턴대학교 캠퍼스의 비좁은 지하 사무실에서 진행된 인터뷰를 마치고 나온 며칠 후에도 공적 담론을 개선하겠다는 이 벤처 회사의 기본 사명이 계속 내 머리 속을 맴돌았다. 학자들이 저널리스트와 협력해 더 많은 사실과 지식을 공유함으로써 대중에게 정보를 제공하는 저널리즘의 중요한 역할을 수행할 수 있을까?

몇 년이 지난 지금 이 서문을 쓰면서 더 컨버세이션의 창립 이념과 새로운 편집 모델의 힘은 여전히 유효하다고 말할 수 있다. 그리고 매일 수백만 명의 사람이 혜택을 받고 있다. 여러 나라에 지사를 둔 비영리 미디어인 우리는 학자와 저널리스트의 협업을 통해 매일 뉴스를 분석하고 해설하는 저널을 발행한다. 다시 말해, 주제에 대한 깊은 전문성을 갖춘 연구원과 교수로 구성된 기자들과 다년간의 뉴스 취재 경험을 가진 주제 전문가인 저널리스트가 편집자로 참여하는 디지털 신문과 같다.

우리는 웹사이트, 여러 개의 이메일 뉴스레터, 소셜 미디어 등으로 독자에게 다가가려고 노력한다. 그런데 일상적인 기사 내용을 책으로 만드는 이유는 무엇일까? 그리고 누가 이 책을 읽고 싶어할까?

우리는 비영리 독립 미디어 단체로서 점점 더 복잡해지는 세상을 헤쳐나가는 데 도움이 되는 정확하고 신뢰할 수 있는 정보를 대중에게 제공하는 것을 사명으로 한다. 우리는 대학, 재단, 개인 기부자의 지원을 받고 있다. 이 책의 각 글은 해당 분야에서 수십 년 동안 일해 온 저자들이 자신의 전문 분야에 관해 쓴 것이므로 학술 연구에 기반을 두고 있다. 동료 검토를 거친 논문과 서적을 인용하고 있으며, 이 모음집 자체도 동료 검토를 거쳤다.

게다가 이 풍부한 정보는 이해하기가 수월하다. 학자들이 저널리스트 편집자들과 협력하여 주제에 대해 더 많이 알고 싶어 하고 수년간의 연구와 학문적 성취에서 나온 지식을 소중히 여기는 일반 독자를 염두에 두고 글을 썼기 때문이다. 각 장은 대부분의 언론 매체에서 볼 수 있는 800-1,200단어 정도 분량으로, 짧은 시간 안에 읽을 수 있다. 당시 보도된 사건에 대한 응답 형태로 작성된 글들이라서 날짜를 제거하기 위해 약간씩 수정되었다. 시간이 지남에 따라 새로운 정보와 사건들이 현재 내용을 대체할 가능성이 있지만, 출판 시점에서는 최대한 정확하도록 최선을 다했다.

이 책 이후 출간될 다양한 주제의 모음집은 우리의 편집 가치와 편집실 구성을 반영한다. 더 컨버세이션은 교육부터 기후변화에 이르기까지 다양한 주제를 전담하는 편집자를 확보할 수 있고, 이는 다른 언론사에서는 거의 찾아볼 수 없는 일이다.

이러한 다학제적 접근의 가장 큰 성과는 이 책처럼 한 가지 주제를 심도 있게 다룰 때 얻을 수 있다. 예를 들어, 미생물학자나 역사학자의 이야기를 읽고 몇 페이지 뒤 윤리학자의 글을 읽으면서 몰랐던 사실을 발견하는 것은 학습에도 도움이 되고 매우 흥미롭다. 한 가지 주제에 대해 여러 가지 접근 방식을 취하면, 그 점들을 연결하여 더 큰 그림을 보는 데 도움이 된다. 환경 문제를 해결하기 위해 물리과학(물질세계를 이해하기 위한 물리학·화학·천문학·지구과학 등의 자연과학—옮긴이), 정치학, 사회학 등의 의견이 필요한 것처럼, 새로운 기술 및 과학 발전에 대한 논의는 그것이 미치는 사회적 영향과 분리될 수 없다.

이 책의 여러 목소리와 관점이 그만큼 다양하다는 점에 주목할 필요가 있다. 각 장의 논조는 다채롭고 일부 저자는 특정 요점에 동의하지 않을 수도 있다. 하지만 이 책의 목표는 독자에게 오늘날 사회를 살아가는 데 중요한 문제에 대한 맥락과 기초적 이해를 제공하는 것이기 때문에 상관없다.

이 책을 읽고 나면 뉴스의 헤드라인을 장식하는 내용을 이해하고 새로운 연구의 중요성을 파악하는 데 도움이 될 것이다. 또는 그냥 재미있는 이야기에 흥미를 느낄 수도 있겠다.

마틴 라모니카(Martin LaMonica)

4부
유전학의 최전선과 윤리

지그소 퍼즐과 '유전자 격차'

과학 하는 과정

과학을 가장 쉽고 잘 이해하도록 설명하는 방법이 반드시 올바른 것은 아니다. 나는 이야기로 말하는 걸 즐긴다. 연구 세미나는 시작과 중간과 끝이 있는 뚜렷한 경로를 따라 진행된다. 연구를 따라가다 보면 도중에 멈춰서서 펼쳐진 아름다운 풍경(다른 사람들의 연구 성과)을 감상하고 그 경로 선택에 대해 감탄할 기회가 많다. 세미나의 목표는 청중을 멋진 폭포와 같은 곳으로 안내하는 것이다. 내 경우에는 "그래서 이 특정 형광 단백질이 그렇게 밝게 빛나는 것이다"와 같은 내용일 때가 많다. 이는 대부분의 과학자와 과학 저널리스트가 동료 심사를 거친 논문이든, 세미나 강연이든, 신문 기사든 관계없이 뚜렷한 종착점이 있는 여정으로서 과학 연구를 발표하는 방식이다.

하지만 실제 연구는 그렇게 이루어지지 않는다. 실험 결과는 여기저기 흩어져 있으며, 과학자들은 출발점에서 원하는 목적지까지 실험 증거를 하나의 이야기로 연결하는 데 어려움을 겪는다. 아무 데도 연결되지 않는 막다른 길에 도달하는 경우도 많다. 증거가 존재하지 않으면 새로운 실험을 수행해야 한다. 또 일반적으로 과학을 5+3=8과 같이 증명과 반박할 수 없는 사실로 이루어진 단순한 수학과 같은 것으로 오해하기도 한다. 그래서 과학이 발견을 향한 직접적 경로를 따르지 않거나 단순한 수학의 불변성을 따르지 않을 때 대중은 그 과정을 믿지 않을 수 있다.

일반적으로 사용되는 선형적 스토리라인보다 지그소 퍼즐 조립이 과학 연구에 대한 훨씬 더 정확한 비유가 될 수 있다. 자연은 무심한 퍼즐 제작자다. 자연은 우리에게 거대하고 복잡한 퍼즐을 제시하며 상자를 숨겨두기 때문에, 연구자들은 큰 그림이나 퍼즐 조각의 개수를 전혀 알 수 없다. 코로나19와 같이 자연이 새로운 퍼즐을 제시할 때, 관련 연구자들은 백지상태와 마주하게 된다. 이전의 관련 퍼즐을 조사해서 얻은 정보가 도움이 되는데, 코로나19의 경우 이러한 정보는 이전에 발생한 사스(중증급성호흡기증후군)와 메르스(중동호흡기증후군)에서 나왔다. 연구자들은 실험을 하고 충분한 정보를 얻었다고 판단되면 그 결과를 동료 검토를 거쳐 학술지에 발표한다. 퍼즐 조각을 찾았다고 세상에 알리는 것이다. 기존 퍼즐 조각과 결합하거나 퍼즐에 대한 중요한 정보를 밝혀낸 퍼즐 조각은 가장 권위 있는 학술지[네이처(*Nature*), 사이언스(*Science*), 셀(*Cell*)]에 게재된다.

새로운 퍼즐의 경우 조각이 어디에 속하는지, 다른 조각과 어떤 관계를 갖는지 등 상당한 불확실성이 존재한다. 과학자들은 데이터로부터 추론하는 데 신중을 기하는 경향이 있다. 예를 들어, 과학자가 닻 사슬의 일부를 명확하게 보여주는 퍼즐 조각을 가지고 있다고 해서 그 사슬이 지중해 항구에 정박 중인 요트에 연결되어 있음을 의미하지는 않는다. 실제로 닻 사슬 조각은 문진일 수도 있고 퍼즐은 지중해 장면과 전혀 관련이 없을 수 있다. 나무는 보지만 숲은 보지 못하는 경우라고 할 수 있다.

그래서 우리는 코로나19를 이해하는 데 우여곡절을 많이 겪었다. 과학이 틀린 것이 아니라 맥락을 알 수 없는 것일 뿐이다. 코로나19 팬데믹으로 인해 과학 과정을 집중해 검토하게 되었으며, 어떤 사람들은 과학을 수행하는 방식을 오해한 나머지 과학이 자신의 기대에 미치지 못한다고 판단했다. 이러한 특정 지식의 공백으로 인해 어떤 과학자들과 다수의 비과학자들은 코로나19 퍼즐에 잘못된 조각을 억지로 끼워 맞추려는 유혹을 받기도 한다. (예를 들어, 하이드록시클로로퀸이 코로나19를 치료한다거나 백신이 자폐증을 유발한다는 주장처럼) 실수든 고의든 퍼즐 조각이 조작되거나 잘못 배치되면 연구를 지연시키고 오도하거나 대중에게 잘못된 정보를 제공할 수 있다. 과학 지식의 복잡성과 규모가 커지고 인터넷의 정보 출처가 넘쳐나면서 새로운 퍼즐을 맞출 때 과학적으로 확립된 사실과 잘못된 정보를 구분하기가 어려워졌다.

반면에 오래된 퍼즐의 경우 그림이 거의 완성되었을 수 있으므로 조각을 추가하는 데 불확실성이 거의 없다. 퍼즐 조각은 고정된 조각 옆에 위치해 있고 큰 그림에 대한 기여를 예견할 수 있기 때문에 의심의 여지가 없다. 기후변화도 그런 퍼즐 중 하나다. 우리는 무슨 일이 일어나고 있는지 이해하고 있고 큰 그림을 깔끔하게 파악하고 있다. 과학자들에게 현재 진행 중인 그림에 대한 불확실성은 더 이상 존재하지 않는다.

생명공학의 세계에서는 매일 퍼즐 조각이 공개되고 새로운 퍼즐이 시작되고 있으며, 이는 우리가 겪는 빠른 변화를 반영한다. 큰 그림은 어떤 모습일까? 생명공학은 어디로 향하고 있을까?

과학과 생명공학의 성장

과학은 점점 더 빠르게 성장하고 있으며, 그 대부분은 새로운 기술의 개발에 의한 것이다. 이런 기술을 통해 이전보다 더 많은 데이터(퍼즐 조각)를 생성할 수 있을 뿐만 아니라 머신러닝을 사용해 모든 새로운 정보를 처리함으로써 과학의 복잡성을 자세히 이해하고 나아가 이를 새롭게 응용하고자 한다. 특히 생명공학에 적용할 수 있는 기술은 많다. 생명공학의 성장은 크리스퍼(CRISPR),

이미징(의료에서 인체 내부의 숨겨진 구조 등을 시각화하는 초음파나 방사선촬영, MRI, 내시경, PET 등 기술-옮긴이), 현미경, 광유전학(빛으로 생체 조직의 세포를 조절하는 생물학적 기술-옮긴이), 인공지능과 같은 많은 새로운 방법의 확립을 통해 주도되고 있다.

　2007년 덴마크 식음료 회사 다니스코에 고용된 연구원들은 크리스퍼가 박테리아 방어 시스템이라는 것을 최초로 입증했다. 이들이 크리스퍼에 관심을 갖게 된 것은 다니스코와 다른 유제품 가공업체에서 요구르트와 모차렐라 및 기타 치즈를 만드는 데 사용하는 우유 발효 박테리아인 유산균 스트렙토코커스 써모필러스(*Streptococcus thermophiles*)가 바이러스 공격에 취약하기 때문이었다. 미국 농무부(USDA)에 따르면 매년 10억 2천만 킬로그램의 모차렐라 치즈와 6억 2100만 킬로그램의 요구르트가 S. 써모필러스로 생산된다. S. 써모필러스의 바이러스 감염은 유제품 산업에서 불완전 발효와 생산 손실을 일으키는 가장 큰 원인이다. 대부분의 유제품에는 S. 써모필러스가 일부 함유되어 있으며, 인간은 매년 10조 마리 이상의 살아 있는 S. 써모필러스를 섭취한다.[1] 오늘날 많은 제조업체는 빈번하게 일어나는 바이러스 오염을 막기 위해 크리스퍼 서열로 유전자를 변형한 S. 써모필러스 배양균을 사용한다. 이 연구를 수행한 미국 다니스코의 로돌프 바랑구(Rodolphe Barrangou)에 따르면 "요구르트나 치즈를 먹었다면 크리스퍼가 적용된 세포를 먹었을 가능성이 있다."[2] 하지만 우리 대부분은 크리스퍼의 이런 상업적 첫 사용 사례에 대해 들어보지 못했다. 이는 크리스퍼가 유전자 편집기 역할을 하지 않고 방어 시스템으로 사용된 사례다.

이것은 또 생명공학 기술의 대부분이 우리 눈에 잘 보이지 않는다는 전형적 사례이기도 하다. 우리는 mRNA(전령RNA)를 이용한 백신, 돼지 심장을 인간에게 이식한 것, 낫세포 빈혈증(헤모글로빈 베타 사슬의 여섯 번째 아미노산이 글루탐산에서 발린으로 돌연변이되어 나타나는 낫 모양의 적혈구를 형성하는 빈혈증−옮긴이) 치료제, 테라노스 사태(실리콘밸리의 혈액검사 스타트업 테라노스 창업자 엘리자베스 홈스가 투자자들을 상대로 사기 행각을 벌여 손해를 입힌 사건−옮긴이)와 같이 우리의 즉각적 관심을 끄는 분야 또는 전통적 미디어와 소셜 미디어가 주목하는 놀라운 발전에만 익숙해져 있다.

믿을 수 없을 만큼 강력한 과학과 생명공학

과학은 빠르게 발전하고 있을 뿐만 아니라 점점 더 강력해지고 있다. 크리스퍼, 머신러닝, 광유전학, 유전자 드라이브(유전자 편집을 이용해 자연계의 유전법칙을 따르지 않고 특정한 유전 형질을 빠르게 다음 세대에 전달하는 기술−옮긴이)는 우리 삶과 우리 아이들의 삶을 바꿀 생명공학으로 이어질 강력한 기술이며, 실제로 이미 그러한 기술을 이끌어냈다. 이중 당연히 크리스퍼와 인공지능(이후 AI와 혼용)이 가장 많은 관심을 받고 있다. 나는 생체 분자의 구조적 특성에 관심이 있는 계산 화학자로서 인공지능과 크리스퍼의 발전을 면밀히 주시해 왔다. 인공지능은 과학자들이 최신 기기가 생성하는 방대한 양의 데이터를 분석할 수 있게 함으로써 과학의 수행 방식을 변화시켰다. 인공지능은 수백만 개의 데이터 더미에서 바늘을 찾을 수 있으며, 머신러닝이라는 프로세스를 통해 분석된 데이터로 학습할 수 있다. 인공지능은 유전자 탐색, 약물 설계, 유기합성(organic synthesis) 분야의 발전을 가속화하고 있다. 과학계의 난제 중 하나인 단백질 접힘 문제(단백질의 아미노산 서열이 어떻게 고유한 접힌 구조를 결정하는지에 대한 질문-옮긴이)도 해결했다.

알파폴드(AlphaFold)나 로제타폴드(RoseTTAFold) 같은 프로그램 덕분에 나 같은 연구자들은 단백질을 구성하는 아미노산 서열로부터 단백질의 3차원 구조를 한두 시간 안에 무료로 알 수 있게 되었다. 알파폴드 이전에는 단백질을 결정화해 X-선 결정학으로 구조를 밝혀야 했는데, 이 과정은 수개월이 걸리고 구조당 수만 달러의 비용이 들었다. AI를 사용해 특정 효소에 선택적으로 결합하는 새로운 작은 약물 분자를 설계하기 위해 소규모 생명공학 회사가 많이 설립되었으며, 대형 제약회사들은 모두 자체적으로 알파폴드를 개발하고 있다. 아마도 이것은 우리 모두 바라는 표적 약물을 설계하기 위한 큰 발걸음이 될 것이다.

2018년 7월, 〈라스트 위크 투나잇 위드 존 올리버〉에서 존 올리버는 "크리스퍼 유전자가위의 가장 놀라운 측면 중 하나는 많은 분야에 광범위한 영향을 미쳤다는 점"이라며, "이 시점에서 크리스퍼가 할 수 없는 유일한 일은 냉장고 문을 여는 것뿐인 것 같다!"라고 재치 있게 말했다.[3] 크리스퍼는 박테리아 방어 시스템을 범용 분자 워드 프로세서로 개량한 것이다. 제니퍼 다우드나와 엠마뉴엘 샤르팡티에는 게놈을 편집하는 방법으로 크리스퍼를 개발한 공로로 2020년 노벨 화학상을 받았다. 이 기술을 사용하면 유전자뿐만 아니라 유전자의 특정 부분을 찾아서 변경하거나, 삭제하거나, 세포가 유전자 산물을 더 많이 또는 더 적게 발현하게 하거나, 심지어 외부 유전자를 대체할 수도 있다. 생명의 책을 위한 마이크로소프트 워드다.

정교한 생물학 실험실에서 여러 해가 걸리던 유전자 변형이 이제 단 며칠 만에 이루어질 수 있다. 수십만 달러의 비용이 드는 복잡한 연구 프로젝트가 수백 달러의 학부생 프로젝트가 되었다. 크리스퍼는 생명공학에 혁명을 일으켰다. 크리스퍼가 등장하기 전에 유전자 편집은 종에 따라 달라지고 비용이 많이 들며 지루한 작업이었다. 이제 연구자들은 모든 종의 유전자를 저렴하고 빠르게 편집할 수 있다.[4] 이 책은 여러 장에 걸쳐 크리스퍼와 관련된 응용 분야를 다룬다. 이는 생명공학에서 크리스퍼의 중요성을 반영한다.

인류가 최초로 농작물을 재배한 시기는 최소 1만 1천 년 전이다. 그 이후 우리는 주로 선택적 교배 방법에 의존하는 전통적인 식물 육종 기술을 사용해 왔다. 2018년 3월 18일, 미국 농무부는 전통적인 육종 방법으로 얻을 수 있는 식물과 구별할 수 없는 유전자 편집 식물 품종을 규제하지 않겠다는 성명을 발표했다. 규제를 받지 않는다는 것은 표지가 되지 않는다는 것을 의미한다. 크리스퍼로 변형된 식물은 전통적인 육종 방법으로 얻은 식물보다 훨씬 더 빠르고 저렴하게 생산될 것이기 때문에 5년 후에는 더 저렴하고 건강한 크리스퍼 쌀, 감자, 토마토를 먹게 될 것이라고 확신한다.

그것은 기존 식품과 구별할 수 없을 것이며, 유전자 편집이 규제되거나 표지되지 않기 때문에 그 차이를 알지 못할 것이다. 이 책의 2부에서는 생명공학 분야에서 잘 알려지지 않은 분야인 식품 및 농업 분야의 생명공학에 초점을 맞춘다. 농업 분야의 생명공학에 대해 우리가 듣고 읽는 양은 대중과의 관련성 및 중요도에 비해 매우 적은데, 이는 아마도 농업이 눈에 띄지 않는 것이 농업계에 도움이 되고 일반 독자에게는 농업이 의학만큼 매력 있거나 흥미롭지 않기 때문일 것이다.

하나의 유전자에서만 발생하는 돌연변이로 인해 발생하는 유전 질환은 1만 가지가 넘는데, 이를 단일 유전자 질환이라고 한다. 이런 질환은 수백만 명의 사람에게 영향을 미친다. 낫세포 빈혈증, 낭포성 섬유증, 헌팅턴병은 이러한 질환 중 가장 잘 알려진 질환들이다. 이들 질환은 모두 크리스퍼 치료의 명백한 표적이다. 현재 시각장애를 유발하는 심각한 안과 질환인 레베르 선천성 흑암시(Leber congenital amaurosis, 출생 당시 또는 직후에 막대세포와 원뿔세포가 손상되어 선천성 실명을 일으키는 증상-옮긴이)와 같은 단일 유전자 질환을 치료하기 위해 사람을 대상으로 수많은 임상시험이 진행 중이다. 가능성은 높지만 대부분의 질환이 단일 유전자 결함으로 인해 발생하는 것이 아니기 때문에 의료 분야에서 크리스퍼에 대한 기대치를 낮출 필요가 있다.

위험과 연관된 생명공학의 힘

1926년 J. B. S. 할데인은 "적절한 크기에 대하여"(On Being the Right Size)라는 제목의 에세이를 썼다. 그는 건물에서 생쥐를 떨어뜨리면 살아남지만, "쥐는 죽고, 사람은 부러지고, 말은 산산조각이 난다"고 썼다.[5] 중력은 우리의 크기를 제한하며, 몸집이 큰 생물과는 상극이다. 코끼리는 몸 전체에 산소를 함유한 혈액을 펌프질하는 거대한 심장과, 직립을 유지하기 위한 두껍고 튼튼한 뼈를 가졌다. 파리와 독수리를 비교해 보면 알 수 있듯이 생물체가 클수록 복잡성도 커진다. 하지만 복잡성을 해결하는 데에는 한계가 있다. 더 커지려면 육지에서 해양 환경으로 이동하는 등 조건을 바꿔야 한다. 과학을 포함한 모든 일에는 적절한 크기가 있다고 생각한다. 가장 큰 질문은 '과학에 적합한 크기는 어느 정도일까?'다.

내가 가장 좋아하는 책 중에 이안 골딘과 마이크 마리아타산이 함께 쓴 《위험한 나비효과》(바다출판사, 2021)라는 기발한 제목의 책이 있다.[6] 이 책은 2014년에 출판되었는데, 중국 대도시의 재래시장에서 발생한 세계적 팬데믹이 뉴욕과 런던에 특히 큰 타격을 줄 것이라는 섬뜩한 경고가 담겨 있었다. 또 인터넷과 소셜 미디어의 힘이 팬데믹 관리의 복잡성을 배가시킬 수 있다고 경고하고 글로벌 공급망의 부족을 예측했는데, 이 모든 것이 코로나19 팬데믹에서 현실로 드러났다. 골딘은 경제학자이자 넬슨 만델라의 고문이었다. 나는 그의 열렬한 팬이다. 이 책에서 저자들은 "진보의 대가는 위험"이라고 경고한다.

크리스퍼, 유전공학, 머신러닝은 사회에 유익하게 활용될 수 있는 매우 강력한 기술이지만, 그 장점은 종종 관련 위험으로 인해 상쇄된다. 이러한 기술의 발전은 위험하거나 일반적으로 인정되는 윤리적 경계를 넘을 때는 제한되어야 한다. 인간 배아를 유전자 변형하는 것과 같이 생명공학 기술로 인한 윤리적 딜레마가 발생했을 때 이를 처리할 수 있는 표준 검토 절차가 현재 마련되어 있지 않다. 그러니 임시방편의 해결책을 찾을 수밖에 없는데, 이것이 지속 가능할까?

특정 유전 질환에 대한 유전자 편집이 허용되면 이 작업에서 얻은 기술과 지식이 배아를 유전적으로 향상시키는 데 사용될 것을 예상해야 한다. 제니퍼 다우드나와 새뮤얼 스턴버그는 《크리스퍼가 온다》(프시케의숲, 2018)에서 미래의 부모들을 유혹할 수 있는 단일 유전자 돌연변이 몇 가지를 열거한다. *EPOR* 유전자는 지구력을 높이고, *LRP5* 유전자는 뼈를 더욱 튼튼하게 하며, *DEC2*는 수면 요구량을 낮추고, *MSTN*은 근육 성장을 조절한다.[7] 크리스퍼로 아기를 디자인하는 가능성이 현실화될수록 이와 같은 간단한 향상을 도모하는 탐색은 가속화할 것이다. 그리고 모든 과학과 마찬가지로 유전학도 점점 더 빠르게 성장하고 있다. 인간 게놈의 첫 1%를 염기서열 분석하는 데 7년이 걸렸고, 나머지 99%를 염기서열 분석하는 데는 또 다시 7년이 걸렸다. 이 책을 읽을 때쯤이면 단일 유전자 개선 목록이 더 늘어나 있을 것이다. 크리스퍼를 이용한 유전자 편집은 기존의 부의 불평등을 확대해 유전적 불평등을 초래하고, 다우드나와 스턴버그가 "유전자 격차"라고 부르는 현상을 만들어낼 것이다. 인류 역사상 처음으로 부자들이 더 나은 삶을 살게 될 뿐만 아니라 그들의 자손도 뼈가 튼튼하고 지구력이 강하며 수면 시간이 줄어드는 등 더 향상된 사람이 될 수 있는 기회를 갖게 될 것이다.

유전자 드라이브는 일반적인 유전 규칙을 무시하고 한 집단에 유전적 형질을 강제적으로 전달한다. 유전자 드라이브는 유전자가 다음 세대에 유전될 확률을 근본적으로 높일 수 있는 유전공학의 한 형태다. 일반적으로 유전 형질이 특정 부모로부터 그 부모의 자손에게 전달될 확률은 대략 50%지만, 유전자 드라이브를 사용하면 그 가능성은 거의 100%에 가까워질 수 있다. 크리스퍼와 유전자 드라이브의 결합으로 우리는 자연이 부과한 제약을 극복했다. 우리는 더 이상 유전의 규칙에 제한받지 않는다. 크리스퍼를 사용하면 유전적으로 정의된 형질을 통제하고 유전자 드라이브를 통해 개체군 전체에 퍼뜨릴 수 있다. 이는 말라리아를 옮기는 모기를 박멸하는 등 수백만 명의 생명을 구할 수 있는 잠재력을 가진 매우 강력한 기술이다.

그러나 우리는 곧 역사상 처음으로 유전자 기술을 한 번만 적용해도 한 종을 전멸시킬 수 있는 시점에 도달할 것이다. 이 위험을 어떻게 규제할까? 전 세계의 실험실에서 크리스퍼와 유전자 드라이브가 사용되고, 초강력 바이러스와 박테리아의 생산 비용이 상대적으로 저렴해지고 최소한의 인프라만 갖추면 되는 상황에서 크리스퍼 유전자 드라이브의 무기화를 어떻게 억제할 수 있을까? 아마도 이것은 우리가 과학의 실천과 과학 지식의 배포를 모두 제한해야 할 경우일 것이다.

나는 과학은 그 자체로 건전하다고 생각한다. 자연의 비밀은 꾸준히 밝혀지고, 우주에 대한 우리의 이해는 확장되며, 우리는 계속해서 지식을 쌓아가고 있다. 이것은 엄청난 일이지만, 어둡게 보기에는 과학의 미래가 너무 밝다고 나는 생각한다.[8] 우리의 과학 능력과 지식은 점점 더 빠른 속도로 증가하고 있으며, 그 결과 과학은 그 지원 구조를 뛰어넘고 있다. 정부, 자금 지원 기관, 철학자, 과학자 들은 크리스퍼, 줄기세포, 머신러닝을 최대한 활용하면서도 잠재적 악용 가능성을 차단할 방법을 찾기 위해 고군분투하고 있다. 과학과 기술은 인간을 강력하게 확장시켰다. 우리는 자연과 진화에 의해 부과된 제약을 극복했다. 이제 우리 자신을 제외하고는 우리의 성장을 제한하는 포식자가 없다. 우리는 자연에 우리의 의지를 강요할 수 있고 우리 자신의 운명을 책임질 수 있다. 그러나 기후변화만 봐도 우리가 우리 아이들의 미래를 보장하는 데 제대로 대처하지 못하고 있다는 사실을 알 수 있다.

책임감 있는 시민이 되려면 우리 모두 과학과 생명공학 분야에서 일어나고 있는 일을 인식하고, 골딘과 마리아타산의 말, 즉 "진보의 대가는 위험"이라는 말을 기억해야 한다. 우리는 이 책과 같이 과학을 연구하는 전문가들의 생각을 제시하는 책, 오늘날 생명공학 분야에서 일어나는 일을 다양한 관점에서 다루는 책, 그리고 신뢰할 수 없는 주변 아이디어와 입증된 과학적 아이디어에 동등한 공간을 제공하는 잘못된 균형을 달성하려는 목적이 아닌 책들을 읽어야 한다.

더 컨버세이션(The Conversation U.S.)은
저널리즘을 통해 대중에게 전문 지식을 전달하는 독립 비영리 뉴스 조직이다. 더 컨버세이션은
학자와 편집자의 협업을 통해 매일 10-12개의 기사를 생산하는데, 학자는 자신의 연구를 바탕
으로 설명과 분석 초고를 작성하고 편집자는 이를 일상 언어로 번역하는 작업을 지원한다. 이
기사들은 TheConversation.com에서 읽을 수 있으며, 크리에이티브 커먼즈 라이선스를 통해 천
개가 넘는 신문과 웹사이트에서 재출판되어 언제든 자유롭게 콘텐츠를 읽고 재출판할 수 있다.

크리티컬 컨버세이션(Critical Conversations)은
더 컨버세이션의 주제별 기사를 엄선해 해당 주제의 전문가가 객원 편집자로 참여하여 더 컨버
세이션과 존스홉킨스대학교 출판부가 공동으로 출판한다.

이 책 《생명공학의 최전선》은 그 첫 모음집으로, 코네티컷대학교 화학과 교수 마크 짐머가 객
원 편집을 담당했다.

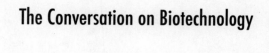

The Conversation on Biotechnology

1부

생명의
구성 요소

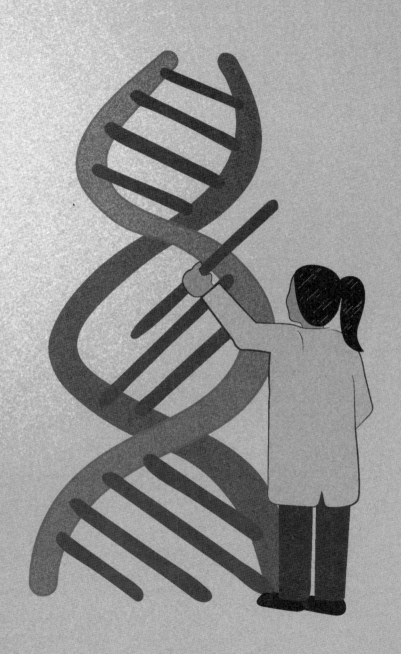

사람은 수천 년 동안 동물을 길들이고 식용 및 기타 용도로 식물을 재배함으로써 다른 생물체의 유전자에 영향을 미쳐왔다. 그리고 오늘날 과학자와 엔지니어 들은 유전자, 단백질, 기타 분자와 같은 생명의 구성 요소에 막강한 영향력을 행사할 힘을 가졌으며, 그 응용 분야는 점점 더 확장되고 있다. 일부 연구자는 생명과학 분야의 혁신적 도구에 힘입어 21세기를 '생물학의 세기'라고 부른다.

이러한 도구는 유전자 워드 프로세서 역할을 하고(크리스퍼), 백신을 전달하는 새로운 방법을 촉진하며(mRNA), 개별 뉴런을 활성화하고(광유전학), 살아 있는 세포의 내부 작동을 밝히는(형광 단백질) 도구로 활용된다. 노벨 재단은 2020년 노벨 화학상 수상자 발표에서 크리스퍼를 "생명의 암호를 다시 쓰는 도구인 유전자가위"라고 했다.[1] 크리스퍼는 이미 초기의 명성에 부응하고 있지만, 장기적으로 크리스퍼에 대한 우리의 기대는 현실적일까? 모든 혁신적 약진이 과대광고에 부응하는 것은 아니다. 예를 들어 인간 게놈 프로젝트를 되돌아보면서 그 가능성과 성과에 대한 팩트 체크를 해보는 것은 의미가 있을 것이다.

1부 총 아홉 편의 글은 단백질, 유전자, mRNA, 복제, 생명의 구성 요소를 조작하는 크리스퍼 등에 대한 기본 내용을 소개한다. 대부분의 글을 관통하는 공통점은, 설명된 기술들이 자연에서 유래되어 수십 년에 걸친 많은 연구자의 점진적 작업을 통해 발전되었다는 점이다.

1장

페니 릭스 Penny Riggs

백신 개발로 각광받는 mRNA

코로나19 팬데믹 대응 과정에서 놀라운 스타 중 하나는 전령 (messenger) RNA(DNA의 유전정보를 전사해 단백질의 아미노산 정보로 암호화하는 고분자-옮긴이)의 줄임말인 mRNA라는 분자였다. 이 분자는 화이자-바이오엔텍과 모더나 COVID-19 백신의 핵심 성분이다. 그러나 mRNA 자체는 실험실에서 새로 발명된 것이 아니다. 수십억 년 전에 진화했으며 우리 몸의 모든 세포에서 자연적으로 발견된다. 과학자들은 RNA가 DNA가 존재하기 전인 최초의 생명체에서 시작되었다고 생각한다.[1]

mRNA가 무엇이며 어떤 중요한 역할을 하는지 알아보자.

유전자 중개자

DNA(Deoxyribonucleic acid, 디옥시리보핵산. 생물체의 유전정보를 담고 있는 고분자-옮긴이)에 대해 알고 있을 것이다. DNA는 네 글자[아데닌 (A), 티민(T), 구아닌(G), 시토신(C)]로 이루어진 암호로 모든 유전자를 담고 있는 분자다. DNA는 모든 생명체의 세포 내부에 존재하며, 핵이라고 불리는 세포의 부분에 보호되어 있다. 유전자는 당신을 고유하게 만드는 모든 신체적 특징에 대한 DNA 청사진의 세부 사항이다.

하지만 유전자 정보는 핵의 DNA에서 단백질이 조립되는 세포의 주요 부분, 즉 세포질로 전달되어야 한다. 세포는 신체가 기능하는 데 필요한 많은 과정을 단백질에 의존해 수행한다. 바로 이 부분에서 mRNA가 등장한다.

DNA 암호의 일부가 단백질을 만들기 위한 지침인 짧은 메시지로 전사된다(transcrition). 이러한 메시지, 즉 mRNA는 세포의 주요 부분으로 운반된다. mRNA가 도착하면 세포는 이 지침에 따라 특정 단백질을 만들 수 있다.

RNA 구조는 DNA와 비슷하지만 몇 가지 중요한 차이점이 있다. RNA는 암호 문자(뉴클레오티드)가 단일 가닥인 반면 DNA는 이중 가닥이다. RNA 암호에는 티민(T) 대신 우라실(U)이 포함되어 있다. RNA와 DNA 구조는 모두 당과 인산염 분자로 이루어진 골격을 가졌지만, RNA의 당은 리보스이고 DNA의 당은 디옥시리보스다. DNA의 당은 산소 원자가 하나 더 적으며, 이 차이가 이름에 반영되어 있다. DNA는 디옥시리보핵산의 별명이고, RNA는 리보핵산의 약자다.

허파 세포부터 근육 세포, 뉴런에 이르기까지 생물체의 모든 세포에는 동일한 DNA 사본이 존재한다. RNA는 역동적 세포 환경과 신체의 즉각적 필요에 따라 생성된다. mRNA의 역할은 DNA가 암호화한 대로 시간과 장소에 적합한 단백질을 만들기 위해 세포 기계를 가동하도록 돕는 것이다. DNA를 mRNA로 변환하여 단백질로 전환하는 과정은 세포가 기능하는 방식의 기초다.

자폭 프로그래밍

중간 전달자로서 mRNA는 세포의 중요한 안전 메커니즘이다. 침입자가 세포 기계를 탈취해 외래 단백질을 생성하는 것을 방지한다. 세포 외부의 모든 RNA는 RNase라는 효소에 의해 즉각적 파괴 대상이 되기 때문이다. 이 효소들이 RNA 암호의 구조와 우라실(U)을 인식하면 메시지를 삭제해 잘못된 명령으로부터 세포를 보호한다. 또 mRNA는 세포가 필요에 따라 청사진을 켜거나 꺼서 단백질 생산 속도를 조절하는 방법을 제공한다. 어떤 세포라도 전체 게놈에 암호화된 모든 단백질을 한꺼번에 생산하는 것은 바람직하지 않다.

메신저 RNA의 명령은 사라지는 문자나 스냅챗 메시지처럼 자멸하도록 시간이 정해져 있다. 암호의 U, 단일 가닥 형태, 리보스 당, 특정 염기서열 등 mRNA의 구조적 특징 덕분에 mRNA의 반감기는 짧다.[2] 이러한 특징이 결합하여, 메시지가 '판독되어' 단백질로 번역된 후 엄격하게 제어해야 하는 특정 단백질의 경우 몇 분내에 그렇지 않은 경우 최대 몇 시간 내에 빠르게 파괴될 수 있게 한다. 명령이 사라지면 단백질 공장이 새로운 메시지를 받을 때까지 단백질 생산은 중단된다.

백신 접종을 위한 활용

mRNA의 모든 특성은 백신 개발자들에게 큰 관심을 불러일으켰다. 백신의 목표는 사람의 면역계가 병원균의 무해한 버전이나 일부에 반응하도록 하여 실제 세균을 만났을 때 이를 퇴치할 준비를 하도록 하는 것이다. 연구자들은 신종 코로나바이러스(SARS-CoV-2) 표면의 스파이크 단백질 일부에 대한 암호가 포함된 mRNA 메시지를 도입하고 보호하는 방법을 발견했다.[3]

백신은 사람의 면역계가 나중에 바이러스에 노출되었을 때 보호할 항체를 생성할 수 있는 충분한 양의 스파이크 단백질을 만들 수 있는 충분한 mRNA를 제공한다. 백신에 포함된 mRNA는 다른 mRNA와 마찬가지로 세포에 의해 곧 파괴된다. mRNA는 세포 핵

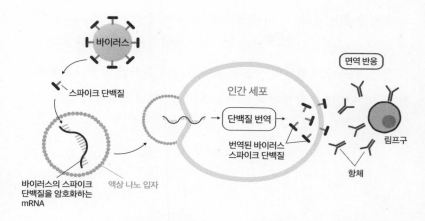

캡슐로 싸인 백신. mRNA는 접종자의 몸에 들어가서 원하는 면역 반응을 일으키는 바이러스 단백질을 생산한다.
출처: Trinset/iStock via Getty Images Plus

에 들어갈 수 없기 때문에 사람의 DNA에 영향을 줄 수 없다.

2020년 12월 미국 식품의약국(FDA)은 코로나19 예방을 위해 최초로 공개적으로 사용 가능한 mRNA 백신을 긴급 사용 승인했다. 화이자-바이오엔텍 백신(Comirnaty)은 2021년 8월에 FDA의 완전한 승인을 획득했다. 2020년에 이 백신은 '새로운' 백신으로 여겨졌지만, 기반 기술은 수십 년 전에 개발되었고 시간이 지남에 따라 점진적으로 개선되었다.[4] 과거 연구에서 얻은 지식, 신속한 자원자 시험, (2021년 말까지 미국에서 투여된 50만 회 이상의 mRNA 백신 접종에서 얻은) 실시간으로 수집된 데이터를 통해 이 백신은 안전성과 효과에 대한 충분한 테스트를 거쳤다.

안전성과 효능 측면에서 코로나19에서 거둔 mRNA 백신의 이런 성공은 다른 백신이 새로운 위협에 신속하게 대응할 수 있는 가능성을 보여준다.[5] 이미 인플루엔자, 지카, 광견병, 거대세포바이러스에 대한 초기 단계 임상시험이 수행되었다. 창의적인 과학자들은 코로나19 백신에 사용된 접근 방식과 유사한 방법이 도움이 될 다른 질병과 장애에 대한 치료법을 고려하고 개발하고 있다.

페니 릭스 Penny Riggs

텍사스 A&M 대학교 동물과학과 기능 유전체학 부교수이자 연구 담당 부총장. 현재 릭스는 유전자, RNA, 특히 골격근에서의 단백질 발현과 기능, 신호전달을 분석하는 데 중점을 두고 연구하고 있다. 박테리아 병원체의 전체 게놈 시퀀싱에 관한 다른 연구도 진행 중이다. 식량 및 영양 안보, 인간과 동물의 건강을 보장하기 위한 게놈 기술 응용에 관심이 있다.

2장

디미트리 페린 Dimitri Perrin

노벨 화학상을 받은
크리스퍼 유전자 편집 기술

2020년 스웨덴 왕립과학원은 게놈 편집 기술인 크리스퍼 (CRISPR)에 대한 연구로 엠마뉴엘 샤르팡티에와 제니퍼 다우드나에게 노벨 화학상을 수여했다. 게놈은 생물체가 어떻게 발달할지 결정하는 유전적 '지침'의 전체 집합이다. 연구자들은 크리스퍼를 사용하여 생물체의 게놈에 있는 DNA를 자르고 그 염기서열을 편집할 수 있다.

크리스퍼 기술은 기초 연구를 위한 강력한 기술이며 우리가 살고 있는 세상을 바꾸고 있다. 다양한 응용 분야에 대한 연구 논문이 매년 수천 편씩 발표되고 있다. 여기에는 암, 정신 질환, 잠재적인 동물 대 인간 장기 이식, 더 나은 식량 생산,[1] 말라리아를 옮기는 모기 퇴치,[2] 질병으로부터 동물 보호 등에 대한 연구 가속화가 포함된다.

샤르팡티에는 독일 베를린 막스 플랑크 감염 생물학 연구소 소장이며, 다우드나는 캘리포니아대학교 버클리 캠퍼스 교수다. 두 사람 모두 관심 있는 DNA 염기서열을 표적으로 삼을 때 크리스퍼를 어떻게 사용할 수 있는지 입증하는 데 중요한 역할을 했다.

박테리아 면역력 활용하기

크리스퍼 기술은 박테리아 및 고세균으로 알려진 기타 단세포 생물체에 자연적으로 존재하는 시스템을 응용한 것이다. 이 자연적 시스템은 박테리아에 일종의 후천적 면역을 부여한다. 이는 외부 유전 요소(예: 침입한 바이러스)로부터 박테리아를 보호하고, 바이러스가 다시 나타날 경우 이를 '기억'하게 한다. 대부분의 현대 과학의 발전과 마찬가지로, 크리스퍼가 발견되고 주요 게놈 편집 방법으로 등장하기까지 수십 년에 걸친 많은 연구자의 노력이 필요했다.

1987년 일본의 분자생물학자 이시노 요시즈미와 그의 동료들이 대장균에서 짧은 염기서열이 끼어들어 반복된 DNA 서열의 특이한 클러스터를 최초로 발견했다.[3] 이후 스페인의 분자생물학자

프란시스코 모히카와 그의 동료들은 다른 생물체에도 유사한 구조가 존재한다는 사실을 밝혀내고 이를 '규칙적 간격을 갖는 짧은 회문 반복 구조'(clustered regularly interspaced short palindromic repeats)의 약어인 크리스퍼(CRISPR)라고 부르자고 제안했다. 2005년에는 모히카와 다른 그룹이 반복서열에 끼어든 ('스페이서'라고 하는) 짧은 염기서열이 바이러스에 속하는 다른 DNA에서 유래했다고 보고했다.[4] 진화생물학자 키라 마카로바와 유진 쿠닌 및 그 동료들은 결국 크리스퍼와 연관된 Cas9 유전자가 면역 메커니즘으로 작용한다고 제안했다. 그리고 이는 2007년 로돌프 바랑고와 동료들에 의해 실험으로 확인되었다.[5]

많은 연구를 통해 게놈 편집 도구로서의 크리스퍼의 잠재력이 마침내 드러났다.

프로그래밍 가능한 시스템

다른 크리스퍼 연관 유전자 중 Cas9은 DNA를 '절단'하는 단백질을 암호화한다. 이것은 침입한 DNA를 파괴하기 때문에 실제로 바이러스에 대해 방어를 담당하는 부분이다. 2012년 샤르팡티에와 다우드나는 스페이서가 Cas9이 DNA를 절단할 위치를 안내하는 표지 역할을 한다는 것을 보여주었다. 또 인공 Cas9 시스템이 실험실 환경에서 모든 DNA 서열을 표적으로 삼도록 프로그래밍될 수 있음을 보여주었다. 이는 크리스퍼가 연구에 더 광범위하게 응용될 가능성을 제시한 획기적 결과다.

2013년, 미국의 생화학자 장 펑과 유전학자 조지 처치가 이끄는 연구팀이 처음으로 CRISPR-Cas9을 사용해 인간 배양 세포에서 게놈을 편집했다고 보고했다. 이후 효모부터 소, 식물, 산호에 이르기까지 수많은 생물체에 사용되었다. 오늘날 수천 명의 연구자가 유전자 편집을 위한 도구로 크리스퍼를 선호한다.

무궁무진한 응용 분야를 가진 기술 혁명

인간은 수천 년 동안 선택적 교배를 통해 종의 게놈을 변화시켜 왔다. 인간이 직접 DNA를 조작하는 유전공학은 1970년대부터 존재했다. 크리스퍼 기반 시스템은 살아 있는 생물체의 게놈을 저렴하고, 쉽고, 매우 정밀하게 편집할 수 있게 해줌으로써 이 분야를 근본적으로 변화시켰다.

크리스퍼는 현재 건강 분야에 큰 영향을 미치고 있다. 낫세포 빈혈증이나 베타 지중해빈혈(헤모글로빈을 구성하는 베타 사슬의 변이로 짝을 이루지 못한 헤모글로빈이 파괴되어 나타나는 빈혈증-옮긴이)과 같은 혈액 질환, 유전성 소아 실명의 가장 흔한 원인인 레버 선천성 흑암시 치료, 암 면역 치료 등에 대한 임상 시험이 진행 중이다.

크리스퍼는 식량 생산에도 큰 잠재력을 보여 작물의 품질, 수확량, 질병 저항성, 제초제 저항성을 개선하는 데 사용할 수 있다. 가축에 사용하면 질병 저항성을 높이고, 동물 복지를 증진하며, 더 많은 고기와 우유 또는 고품질의 양모를 생산하는 등 산물의 특성을 개선할 수 있다.

힘에는 책임이 따른다

그러나 크리스퍼 기술에는 여러 가지 과제가 남아 있다. 표적 이탈 변형의 위험(Cas9이 게놈의 의도하지 않은 위치를 절단할 때 발생함)과 같은 기술적 문제와 사회적 문제가 그것이다.

최근 몇 년간 가장 논란이 된 실험 중 하나는 중국의 생물물리학자 허젠쿠이의 시도다. 그는 크리스퍼를 악용하여 인간 배아를 변형시켜 HIV(인간 면역결핍 바이러스)에 내성을 갖게 하려고 했다가 실패했다. 그 결과 쌍둥이 루루와 나나가 탄생했다.

이러한 기술의 광범위한 응용 분야와 잠재력을 고려할 때, 이 기술에 대한 규제를 광범위하고 포괄적으로 논의할 필요가 있다. 크리스퍼 연구자 표도르 우르노프의 말을 인용하자면, 샤르팡티에와 다우드나의 연구는 "모든 것을 바꿔놓았다"고 할 수 있다.

디미트리 페린 Dimitri Perrin

퀸즐랜드 공과대학교(QUT) 컴퓨터과학부 부교수. 또 QUT 데이터과학센터 수석 연구원으로 건강 및 생물학적 시스템 도메인을 공동 운영하고 있다. QUT에 합류하기 전에는 시스템 생물학 연구실(일본 이화학연구소)에서 외국인 박사후 연구원으로 근무했으며, 과학 컴퓨팅 및 복합 시스템 모델링 센터(아일랜드 더블린 시립대학교) 및 정보 네트워킹학과(일본 오사카대학교)에서 IRCSET(아일랜드 과학·공학 및 기술 연구위원회) 마리 퀴리 연구원으로 일했다.

3장

나단 알그렌 Nathan Ahlgren

생물학자가 설명하는
단백질

단백질은 모든 생명체에서 발견되는 기본적인 유기 구조 분자다. 그리고 단백질의 핵심은 아미노산이라는 더 작은 구성 요소로 이루어져 있다는 것이다. 나는 단백질을 다양한 색의 구슬이 모여있는 것으로 생각하곤 한다. 각 구슬은 탄소, 질소, 산소, 수소, 때로는 황 원자를 포함하는 더 작은 분자인 아미노산이다. 따라서 단백질은 본질적으로 개별 아미노산으로 구성된 끈이라고 할 수 있다.

22가지 아미노산(보통 알려진 아미노산 종류는 20가지이나 최근 셀레노 시스테인과 피롤리신이 단백질을 구성할 수 있음이 알려졌다-옮긴이)은 다양한 방식으로 결합할 수 있다. 단백질은 일반적으로 끈으로 존재하지 않고 아미노산의 순서와 상호 작용 방식에 따라 특정 모양으로 접힌다. 이런 형태는 단백질이 우리 몸에서 하는 일에 영향을 미친다.

아미노산은 어디에서 생성될까?

우리 몸을 구성하는 아미노산의 일부는 우리가 먹는 음식에서 나오며, 다른 일부는 우리 몸에서 만들어진다. 식물성 또는 동물성 단백질을 섭취하면 우리 몸은 그 큰 분자 사슬을 가져다가 개별 아미노산으로 분해한다. 소화 기관에서 아미노산으로 분해된 단백질은 세포로 이동해 세포 내부에서 구슬처럼 떠다니게 된다. 그러면 우리 세포는 이것을 필요한 단백질로 재구성할 수 있다. 필요한 아미노산의 절반 정도는 우리 몸에서 스스로 만들 수 있지만 나머지는 음식에서 섭취해야 한다.

단백질은 우리 몸에서 어떤 역할을 할까?

과학자들은 단백질의 정확한 수에 대해 의견이 일치하지 않지만, 대개 우리 몸에는 약 2만 가지 단백질이 있다고 추정한다. 하지만 일부 연구에 따르면 이보다 훨씬 더 많을 수도 있다고 한다.[1] 단백질은 대사 전환부터 세포를 결합하고 근육을 움직이게 하는 등 다양한 기능을 수행한다. 단백질의 기능은 크게 몇 가지로 분류할 수 있다.

단백질의 한 가지 기능은 구조적 기능이다. 우리 몸은 끈과 같은 구조, 작은 구체, 닻 등 다양한 종류의 구조로 이루어져 있다. 이러한 구조는 우리 몸을 하나로 묶어주는 역할을 한다. 예를 들어 콜라겐은 피부와 뼈, 나아가 치아 구조를 이루는 단백질이다.[2] 인테그린은 세포 사이를 유연하게 연결하는 단백질이다.[3] 머리카락과 손톱은 케라틴이라는 단백질로 만들어진다.

단백질의 또 다른 중요한 기능은 지방을 더 단순한 성분으로 분해하거나 단백질을 아미노산으로 분해하는 등 세포에서 변형 반응을 수행하는 생화학과 관련이 있다. 이러한 단백질 그룹을 효소라고 한다. 효소는 생명에 필요한 화학 반응을 더 빠르고 쉽게 일어나도록 촉매한다. 효소는 일반적으로 분자를 분해하거나 다른 작은 분자로부터 새로운 분자를 형성하는 데 관여한다. 펩신이라는 효소는 우리가 먹는 음식의 단백질을 분해하는 데 도움을 준다.[4] 그리고 아미노산을 결합해 새로운 단백질을 만드는 데 필요한 단백질도 있다. 생화학 단백질의 또 다른 예로 혈액에서 산소를 운반하는 단백질인 헤모글로빈이 있다.[5] 또 다른 단백질은 세포에서 시간을 유지하는 일주기 시계 단백질과 같이 신호와 정보를 처리하는 기능을 갖는다.[6] 이것들은 단백질이 우리 세포에서 수행하는 주요 기능 중 일부다.

단백질은 왜 종종 근육이나 육류와 관련될까?

식품의 종류에 따라 단백질 함량이 다르다. 밀이나 쌀과 같은 식물에는 탄수화물이 많고 단백질 함량이 적으며, 일반적으로 육류는 단백질 함량이 더 높다. 우리 몸의 근육을 만드는 데는 많은 단백질이 필요하고, 근육을 움직이고 작동하게 하는 것도 단백질이다. 그래서 단백질은 종종 육류 섭취와 근육 형성과 관련이 있지만, 근육에만 관여하는 것이 아니라 훨씬 더 많은 일에 관여한다.

나단 알그렌 Nathan Ahlgren

수생 미생물 생태학자로 환경 요인과 미생물과 바이러스 간 상호작용이 미생물 군집의 진화, 다양성, 구조를 어떻게 형성하는지를 연구한다. 특히 해양 미생물 군집은 매우 다양하며 전 세계적으로 중요한 영양분과 탄소 순환에 영향을 미친다. 지구에서 미생물의 중요성을 이해하는 데 있어 핵심 측면은 이러한 군집의 다양성과 구조를 제어하고 유지하는 요인을 파악하는 것이다. 알그렌 교수는 전통적 배양 분리 및 실험실 연구와 함께 DNA 시퀀싱 및 생물 정보학을 사용하여 이러한 중요한 비생물학적 미생물과 생물학적 미생물의 상호작용을 규명한다.

4장

올리버 로고이츠키| Oliver Logoyski

차세대 의료에서 RNA가
활용되는 세 가지 방법

코로나19를 예방하는 화이자 및 모더나 mRNA 백신이 개발된 덕분에 최근 RNA에 대해 들어보았을 것이다. 하지만 RNA 분자의 잠재적인 의학적 용도는 백신보다 범위가 훨씬 더 넓다.

리보핵산인 RNA는 지구 생명체에서 가장 중요한 분자 중 일부다. RNA는 신체의 모든 세포에서 발견되며 유전 정보 흐름에 중요한 역할을 한다. 메신저 RNA(mRNA)는 DNA의 유전 지침을 복사해 세포의 단백질 제조 공장(리보솜)으로 전달하여 세포가 필요로 하는 생물학적 구성 요소와 기계를 만들 수 있게 한다. 예를 들어 액틴 단백질은 세포의 모양과 구조를 결정하고 근육 수축에 중요한 역할을 한다. 또 RNA는 다른 생체 분자가 서로를 찾도록 돕고, 다른 단백질과 RNA를 하나로 모으는 데 도움을 준다. 이런 기능은 다양한 수준의 유전자 조절을 관리하는 데 매우 중요하며, 그 자체로 신체의 적절한 기능에 중요하다.

RNA는 이런 광범위한 기능뿐만 아니라 연구자들이 쉽게 읽을 수 있는 간단한 분자 서열을 가지고 있어서 크리스퍼 유전자 편집을 포함해 최근 생의학 기술 개발에 매우 유용한 도구가 되었다.[1] 다음은 RNA가 연구되고 있는 세 가지 분야다.

백신

코로나19를 유발하는 신종 코로나바이러스(SARS-CoV-2)를 예방하는 데 사용되는 mRNA 백신은 인체에 사용하기 위해 광범위하게 허가된 최초의 백신이다. 그러나 다른 바이러스, 심지어 암에 대한 RNA 백신에 대한 연구와 임상시험은 10년 전부터 진행되어 왔다.[2] 이런 유형의 백신은 RNA 서열을 체내에 도입해 세포의 리보솜이 일시적으로 특정한, 무해한 바이러스 단백질을 발현하도록 하고, 그런 다음 도입된 RNA 분자가 분해되도록 한다. 이렇게 하면 면역계가 바이러스를 다시 만났을 때 이 바이러스에 대한 강력한 보호 기능을 갖춰 대응하도록 훈련시킬 수 있다.

RNA 백신은 면역계를 훈련시키기 위해 무해한 비활성 형태

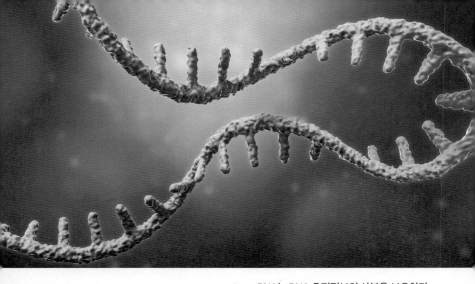

RNA는 DNA 유전정보의 사본을 보유한다.
출처: libre de droit/iStock via Getty Images Plus

의 바이러스 또는 바이러스가 만드는 작은 단백질이나 단백질 절편을 주입하는 기존 백신과는 다르다. 신체에 지침을 제공하는 RNA 서열을 설계하고 합성하는 것도 쉽고 빠르게 이루어진다.

RNA 분자는 상대적으로 불안정하기 때문에 효과적인 RNA 기반 약물을 만들기가 곤란하다. 특정한 효소 및 화학물질에 노출되면 빠르게 분해되므로 코로나19에 대한 화이자 백신 보관에 -70℃의 임계치가 필요하듯이 매우 낮은 온도에서 보관해야 한다.[3]

진단 기술

RNA는 진단 분야에서도 그 역할이 확대되고 있다. 혈액과 같

4장 - 차세대 의료에서 RNA가 활용되는 세 가지 방법

은 체액 샘플만 필요한 액체 생검(검사를 위해 조직에서 샘플을 떼내는 절차-옮긴이)에 대한 연구에 따르면 특정 RNA의 수치를 측정해 암, 신경 퇴행성 질환, 심혈관 질환을 포함한 많은 질병을 조기에 진단할 수 있다는 사실이 점점 더 많이 밝혀지고 있다.

RNA 바이오마커(몸속 세포나 혈관, 단백질, DNA 등을 이용해 몸 안의 변화를 알아낼 수 있는 지표-옮긴이)는 샘플을 더 쉽고 덜 침습적으로 채취할 수 있을 뿐만 아니라 피부, 장기, 뼈 생검과 같은 조직 생검 및 기타 침습적 채취 방법에 비해 통증이 적고 위험이 적다는 추가적 이점이 있다. 또 RNA 바이오마커의 조합을 동시에 평가할 수 있어 진단에 대한 신뢰도를 높일 뿐만 아니라 질병 진행과 예후도 예측할 수 있다.[4] 그러나 이러한 진단 도구의 임상 적합성을 평가하는 대규모 연구가 여전히 필요하다.

신약 개발

RNA는 신약 개발에도 사용된다. 연구자들은 쉽게 이용할 수 있는 데이터베이스에서 다양한 질병과 관련된 RNA 상호 작용과 서열을 샘플링할 수 있기 때문에 RNA를 표적으로 하는 약물을 식별하고 경우에 따라서는 맞춤 약물을 만들 수 있다. 지금까지 RNA를 표적으로 하는 약물은 이전에는 효과적 치료법이 없었던 헌팅턴병과 같은 희귀질환의 치료에 큰 가능성을 나타냈다.

또 RNA를 표적으로 삼아 많은 질병과 증상을 일으키는 특정 유전자나 단백질 생산의 기능을 수정하거나 억제할 수 있는 약물도 설계되고 있다. 이런 약물 중 일부는 신경 퇴행성 질환뿐만 아니라 바이러스[5] 치료에 성공적으로 사용되었으며, 개인 맞춤의학(환자 개인을 위해 특별히 고안된 치료법)에도 사용되었다.

RNA 간섭 약물은 또 다른 연구 분야다. 이 약물은 특정 유전자를 침묵시켜 질환을 치료한다. 아밀로이드증(체내에 단백질이 축적되어 발생하는 희귀질환), 급성 간성 포르피린증(희귀 대사 장애), 폐암을 포함한 여러 암 등의 질환에 대해 이 유형의 약물을 현재 연구하고 있다.

최근에는 특정 RNA 및 단백질 그룹이 질병(특히 암)의 치료 민감도를 변화시키는 것으로 밝혀졌다. 그 결과 어떤 암은 기존 치료에 대한 내성이 약화되었다.[6] 이 응용 분야는 잠재적으로 치료하기 어려운 질병에 대한 새로운 병용 요법을 제공할 수 있다.

RNA 치료제는 많은 투자가 이루어져 지난 10년 동안 급속한 진전이 있었다. 추가적인 임상시험(안전성과 효능 테스트)과 이러한 치료제를 저렴한 비용으로 만들고 안정성을 높이는 방법 개선을 통해, 우리는 더 전문적이고 효과적인 완전히 새로운 차세대 의약품이라는 더 뚜렷한 결과를 기대할 수 있을 것이다.

올리버 로고이츠키 Oliver Logoyski

초기 경력 연구원으로 서섹스대학교에서 생화학 학사 학위를 취득한 후 유전학협회에서 지원하는 경쟁적 여름 학생 연구 프로그램을 통해 귀중한 연구 경험을 쌓았다. 이 경험은 이후 브라이튼앤서섹스 의과대학에서 RNA 번역 및 분해를 연구하는 박사 학위 과정을 밟기로 결정하는 데 영향을 미쳤다. 현재 서리대학교에서 RNA 단백질 상호작용을 연구하는 박사후 연구원으로 일하고 있다.

아리 버코위츠Ari Berkowitz

질병 치료에 대한 인간 게놈 염기서열 분석의 한계

방향 감각을 잃은 환자를 진단할 수 없었던 응급실 의사는 환자의 모든 DNA 정보를 담은 게놈에 접근할 수 있는 지갑 크기의 카드를 환자에게서 발견한다. 의사는 신속하게 게놈을 검색해 문제를 진단하고 유전자 치료를 위해 환자를 이송한다. 퓰리처상을 받은 한 저널리스트가 1996년 인간 게놈 프로젝트에 대해 보도하면서 상상한 2020년 의학의 모습이다.

의학의 새로운 시대?

인간 게놈 프로젝트는 인간 염색체의 유전적 내용, 즉 인간 DNA를 성공적으로 매핑하고 염기서열을 분석하여 공개한 국제적 과학 협력 프로젝트다. 1990년부터 2003년까지 진행된 이 프로젝트는 많은 사람이 의학의 미래를 낙관적으로 추측하게 했다. 1996년 노벨 화학상을 받은 월터 길버트는 "인간 게놈 프로젝트의 결과로 의학을 수행하고 인간의 질병 문제를 해결하는 방식이 엄청난 변화를 겪을 것"이라고 말했다. 2000년 당시 미국국립보건원의 인간 게놈 프로젝트 책임자였던 프랜시스 콜린스는 "아마도 15년 또는 20년 후에는 치료 의학이 완전하게 변화하게 될 것"이라고 예측했다. 같은 해 빌 클린턴 미국 대통령은 인간 게놈 프로젝트가 "전부는 아니더라도 대부분의 인간 질병을 진단하고 예방 및 치료하는 데 혁명을 일으킬 것"이라고 말했다.[1]

그러나 2020년이 지나갔지만 게놈 카드를 가진 사람은 아무도 없다. 의사는 일반적으로 진단이나 치료를 위해 사용자의 DNA를 검사하지 않는다. 왜 그럴까? 신경유전학 저널에 실린 논문에서 설명했듯이, 우리의 희망과 과대광고에도 불구하고 일반 소모성 질환의 원인은 너무 복잡해서 간단하게 유전자 치료를 할 수가 없다.[2]

인과관계는 복잡하다

사람들은 수십 년 동안 단일 유전자가 일반적인 질병을 일으킬 수 있다고 생각했다. 1980년대 말과 1990년대 초 〈네이처〉와 〈미국의학협회지〉(JAMA)를 비롯한 유명 과학 학술지에는 양극성 장애, 조현병, 알코올 중독 등 다양한 질환과 행동의 원인이 단일 유전자에 있다는 연구 논문들이 발표되었다. 이런 논문은 대중 언론에서 큰 주목을 받았지만 곧 철회되거나 연구 결과를 재현하는 데 실패했다.[3] 잘못된 통계 테스트에 의존했던 초기 결론은 재평가를 통해 사실이 아닌 것으로 드러났다.[4] 그리고 후속 연구는 대중 언론에서 거의 주목받지 못했지만 생물학자들은 재평가를 통해 사실이 아닌 것으로 드러날 것이라는 사실을 알고 있었다.

물론 헌팅턴병과 같은 치명적 질환을 유발하는 단일 유전자 돌연변이는 실제로 존재한다. 그러나 대부분의 일반적인 소모성 질환은 단일 유전자의 돌연변이로 인해 발생하지 않는다. 소모성 유전 질환을 앓고 있는 사람들은 대개 건강한 자녀를 많이 낳을 만큼 오래 생존하지 못하기 때문이다. 즉 강력한 진화적 압력이 존재해 이러한 돌연변이는 전파되지 못한다. 반면 헌팅턴병은 보통 가임기가 지나고 나서야 환자에게 증상이 나타나기 때문에 예외적으로 지속되는 질병이다. 다른 많은 장애 질환에 대한 새로운 돌연변이는 우연히 발생할 수도 있지만 집단 내에서 빈번하게 발생하지는 않는다.

대신 대부분의 일반적인 소모성 질환은 여러 유전자의 돌연변이 조합에 의해 발생하며, 각각의 돌연변이는 매우 작은 영향을 미친다. 이러한 돌연변이로 유전자는 서로 또는 환경적 요인과 상호작용하여 단백질 생산을 변화시킨다. 인체 내에 서식하는 다양한 종류의 미생물도 영향을 미칠 수 있다.

빈번하게 발생하는 심각한 질병은 단일 유전자 돌연변이로 인해 발생하는 경우가 드물기 때문에 유전자 치료의 전제인 돌연변이 유전자를 정상 사본으로 대체하는 것만으로는 치료할 수 없다. 유전자 치료 연구는 실수로 백혈병을 유발하고 최소 한 명이 사망하는 등 험난한 과정을 거쳤지만 계속 진전하고 있다.[5] 최근 의사들은 단일 유전자 돌연변이가 큰 영향을 미치는 일부 희귀질환을 성공적으로 치료했다.[6] 희귀 단일 유전자 질환에 대한 유전자 치료는 성공 가능성이 높지만 각 개별 질환에 맞추어야 한다. 여기에는 막대한 비용이 드는 반면 이런 치료가 필요한 환자 수는 상대적으로 적기 때문에 재정적 장벽이 높아서 치료법 개발이 어려울 수 있다. 또 많은 질병의 경우 유전자 치료가 소용이 없을 수도 있다.

생물학자를 위한 새로운 시대

인간 게놈 프로젝트는 빠르고 정확하며 상대적으로 저렴한 DNA 서열 결정과 조작을 가능하게 하는 기술 발전에 박차를 가함으로써 거의 모든 생물학 연구 분야에 막대한 영향을 미쳤다. 하지만 이런 연구 방법의 발전이 일반 소모성 질환 치료의 극적 개선으로 이어지지는 않았다.

비록 게놈 카드를 가지고 있지는 않더라도 우리는 이제 병원 진료를 받을 때 유전자와 질병의 관계에 대해 좀 더 세밀하게 이해할 수 있다. 질병의 원인을 현실적으로 이해한다면 환자를 현혹하는 이야기와 거짓 약속으로부터 보호받을 수 있다.

아리 버코위츠 Ari Berkowitz

오클라호마대학교 생물학 석좌교수이자 생물학 대학원 연구 책임자, 세포 및 행동 신경생물학 대학원 프로그램 책임자. 버코위츠의 연구는 척수가 어떻게 다리의 움직임을 선택하고 생성하는지에 초점을 맞추고 있다. 《행동 지배: 신경세포 독재와 민주주의는 어떻게 우리가 하는 모든 일을 통제하는가》(*Governing Behavior: How Nerve Cell Dictatorships and Democracies Control Everything We Do*)의 저자다.

엘리너 페인골드 Eleanor Feingold

너무 두려워하지 않아도 될
체세포 유전자 편집

유전자 편집은 과학 뉴스에서 사람들이 두려워하는 것 중 하나지만 모든 유전자 편집이 같은 것은 아니다. 연구자들이 '체세포'를 편집하느냐, 아니면 '생식세포'를 편집하느냐가 중요하다.

생식세포는 정자와 난자를 만드는 세포, 또는 나중에 기능이 분화될 초기 배아의 세포 등 전체 생물체로 증식하는 세포를 말한다. 생식세포가 중요한 것은 생식세포의 변화나 돌연변이가 이 세포에서 자라나는 아기의 모든 세포에 영향을 미치기 때문이다. 체세포는 특정 기능을 수행하는 장기나 조직의 모든 세포를 말한다.

피부세포, 간세포, 안구세포, 심장세포는 모두 체세포다. 체세포의 변화는 생식세포의 변화에 비해 중요성이 훨씬 낮다. 간세포에 돌연변이가 생기면 돌연변이 세포가 분열하고 성장하면서 더 많은 돌연변이 간세포가 생길 수 있지만 신장이나 뇌에는 영향을 미치지 않는다. 우리 몸은 평생 신체 조직에 돌연변이를 축적한다. 대부분의 경우 우리는 그것을 알지 못한 채 지내거나 해를 입지 않는다. 암이 한 가지 예외인데, 이 경우에는 이러한 돌연변이가 체세포가 통제 불능 상태로 성장하는 것이다.

나는 구순구개열과 같은 선천적 결함부터[1] 알츠하이머와 같은 노년기 질환에 이르기까지 다양한 질환의 유전적·환경적 원인을 연구하는 유전학자다.[2] 게놈을 연구하려면 항상 자신이 생성한 지식이 어떻게 사용될 수 있는지, 그리고 그러한 사용 가능성이 윤리적인지에 대해 생각해야 한다. 그래서 유전학자들은 유전자 편집 뉴스를 큰 관심과 우려를 가지고 지켜본다.

유전자 편집은 생식세포를 건드리는 것인지, 따라서 한 개인과 그 개인의 미래 후손 전체에 영향을 미치는 것인지, 아니면 하나의 장기에만 영향을 미치는 것인지에 따라 큰 차이가 있다. 개별 장기의 결함 있는 유전자를 고치는 유전자 치료는 수십 년 동안 의학계의 큰 희망 중 하나였다.[3] 몇 번의 성공도 있었지만 실패가 더 많았다. 유전자 편집은 유전자 치료의 효과를 높여 성인의 소모적이거나 치명적 질병을 치료할 수 있다. 미국국립보건원은 질병 치료를 위한 안전하고 효과적인 유전자 편집 도구를 개발하는 데 신뢰도가 높은 윤리적 연구 프로그램을 운영한다.[4]

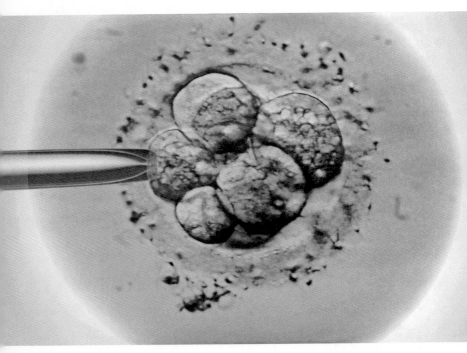

체외수정을 위한 배아 선택.
출처: Science Photo Library/ZEPHYR via Getty Images

그러나 생식세포를 편집해 유전자를 변형한 아기를 만드는 것은 여러 가지 윤리적 문제가 있는 차원이 다른 이야기다. 첫 번째 우려는 의학적 문제다. 현재로서는 안전성에 대해 아무것도 알지 못한다. "간 질환으로 사망할 수 있는 사람의 간세포를 '변형'하는 것은 별개의 문제지만, 건강한 아기의 모든 세포를 '변형'하는 것은 훨씬 더 높은 위험성을 내포하고 있다. 2018년 중국 과학자의 발표가 과학자와 윤리학자 들 사이에서 격렬한 논쟁을 불러일으

6장 - 너무 두려워하지 않아도 될 체세포 유전자 편집

켰던 것은 바로 이 때문이다.[5]

하지만 생식세포 유전자 편집이 안전하다는 것을 안다고 해도, 우리는 여전히 '디자이너 베이비' 논란과 자손의 유전자를 미세하게 조작할 수 있는 세상을 만드는 문제에 직면할 것이다. 유전자 편집이 우생학과 차별의 새로운 시대를 가져올 수 있다는 두려움은 많은 상상력을 필요로 하지 않는다.

유전자 편집을 여전히 두렵게 느낄 수 있다. 하지만 개별 장기를 조작하는 것과 인간 전체를 조작하는 것에는 큰 차이가 있다.

엘리너 페인골드 Eleanor Feingold

피츠버그대학교 공중보건대학원 인간유전학과 교수. 페인골드의 연구 분야는 통계 유전학 및 유전 역학이다. 새로운 게놈 기술 데이터를 분석하는 통계 방법을 개발하고 구순구개열 치아 건강, 알츠하이머, 다운증후군, 상염색체 재조합과 같은 다양한 형질의 유전학을 연구한다.

7장

션 니 Sean Nee

사람을 만드는 데
몇 개의 유전자가 필요할까?

우리 인간은 지구상의 다른 모든 생명체와 비교해 최상위에 군림하고 싶어한다. 생명체는 30억 년에 걸쳐 단순한 단세포 생물에서 다양한 형태와 크기, 능력을 가진 다세포 식물과 동물로 진화해 왔다. 생태계의 복잡성이 증가하면서 오늘날 해발 1만 미터 상공에서 비행기를 타고 기내 영화를 보며 수다를 떠는 사람들이 등장하기까지 생명의 역사에서 우리는 지능, 복잡한 사회, 기술 발명의 진화를 지켜보았다.

생명의 역사가 단순한 것에서 복잡한 것으로 발전했다고 생각하는 것은 자연스러운 일이며, 이것이 유전자 수의 증가에 반영될 것으로 기대하는 또한 당연하다. 인류는 뛰어난 지성을 가졌고 세계를 정복해 앞서가고 있다고 자부하는 가장 복잡한 생물체이기 때문에 유전자 수도 가장 많을 것으로 기대할 수 있다.

합리적인 것처럼 보이는 이 가정은 그러나 연구자들이 다른 게놈에 대해 더 많이 알게 될수록 점점 더 어긋나고 있다. 약 반세기 전만 해도 인간 유전자 수는 수백만 개로 추정되었고, 현재는 약 2만 개로 줄었다.[1] 이에 비해 바나나의 유전자는 3만 개로 우리보다 50% 더 많다.[2]

연구자들이 생물체가 가진 유전자뿐만 아니라 훨씬 더 많은 유전자를 세는 새로운 방법을 고안함에 따라, 우리가 가장 단순한 생명체라고 생각했던 바이러스와 가장 복잡한 생명체인 인간 유전자 수의 차이는 분명하게 줄어들고 있다. 이제 생명체의 복잡성이 게놈의 크기에 반영된다는 개념을 재고할 때다.

유전자 개수 세기

우리의 모든 유전자는 우리를 만들기 위한 요리책 레시피라고 생각할 수 있다. 유전자는 A, C, G, T로 약칭되는 DNA 염기로 작성되며, 우리 몸을 구성하고 우리 몸의 모든 생명 기능을 수행하는 단백질을 언제 어떻게 조립해야 하는지에 대한 지침을 제공한다. 일반적인 유전자에는 약 1,000개의 글자가 필요하다. 유전자는 환경 및 경험과 함께 우리가 무엇이며 누구인지를 결정하므로 전체 생물체에 얼마나 많은 유전자가 있는지 조사하는 것은 흥미롭다.

유전자 개수에 대해 이야기할 때 바이러스의 유전자 개수는 실제로 셀 수 있지만 인간의 경우 그 개수를 추정할 수밖에 없다. 인간, 바나나, 칸디다 같은 효모 등 진핵생물의 유전자는 오리처럼 일렬로 늘어서 있지 않기 때문에 세기가 어렵기 때문이다. 우리의 유전자 레시피는 요리책의 페이지를 모두 뜯어내 30억 개의 다른 글자를 섞어놓은 것처럼 배열되어 있으며, 이중 약 50%는 비활성화된 죽은 바이러스의 서열이다. 따라서 진핵생물에서는 불필요한 유전자와 실제 기능을 하는 유전자를 구분하기가 어렵다.

반면 바이러스와 1만 개의 유전자를 가지고 있는 박테리아의 유전자 개수를 세는 것은 비교적 쉽다.[3] 유전자의 원료인 핵산은 작은 원핵생물이 만들기에는 상대적으로 비용이 많이 들기 때문에 불필요한 염기서열을 삭제하는 강력한 선택이 작동하기 때문이다. 사실 애초에 바이러스를 발견하기는 아주 어려웠다. HIV를 포함한 모든 주요 바이러스는 염기서열 분석이 아닌 육안으로 확대하고 형태를 살펴보는 등의 고전적 방법으로 발견되었다는 사실을 생각하면 놀라지 않을 수 없다. 분자 기술의 지속적 발전으로 바이러스 영역이 상당히 다양함을 알게 되었지만, 이 기술은 이미 존재하는 것으로 알려진 바이러스의 유전자 개수를 세는 데만 도움이 될 뿐이다.

더 적은 수로 번성하기

인간이 건강하게 살아가기 위해 실제로 필요한 유전자 수는 현재 추정되는 전체 게놈 2만 개보다 훨씬 적을 것이다. 한 대규모 연구에 따르면 인간의 필수 유전자 수는 더 적을 것으로 추정된다. 연구자들은 수천 명의 건강한 성인을 대상으로 특정 유전자의 기능이 없는 자연적으로 발생하는 '녹아웃'(염기의 돌연변이로 인한 유전자의 기능 상실–옮긴이)을 찾았다.[4] 우리의 모든 유전자는 부모로부터 각각 하나씩 받은 두 개의 사본으로 존재한다. 일반적으로 하나의 활성 사본은 다른 사본이 비활성 상태일 때 이를 보완할 수 있으며, 비활성화된 유전자는 자연적으로 드물기 때문에 두 사본이 모두 비활성 상태인 사람을 찾기는 어렵다.

현대 유전공학 기술을 사용해 원하는 유전자 사본을 모두 비활성화하거나 아예 제거한 녹아웃 유전자 실험용 마우스를 통해 어떤 일이 일어나는지 연구하기는 매우 쉽다. 하지만 인간을 대상으로 한 연구에는 21세기 의료 기술을 갖춘 지역사회에 살고 있으며 유전적·통계적 분석에 적합한 혈통이 알려진 인구 집단이 필요하다. 아이슬란드 사람들은 유용한 인구 집단 중 하나며, 녹아웃 연구에서 이미 인용한 파키스탄계 영국인들도 그중 하나다. 이 연구에서 건강에 명백한 영향을 미치지 않으면서도 제거할 수 있는 700개 이상의 유전자를 발견했다. 예를 들어, 마우스의 생식 능력에 중요한 역할을 하는 *PRDM9* 유전자가 사람에게서 아무 부작용 없이 제거될 수 있다는 사실은 놀라운 발견 중 하나다.

그렇다면 어떤 유전자가 필요할까? 우리는 인간 유전자의 4분의 1이 실제로 어떤 기능을 하는지조차 알지 못한다. 물론 이는 다른 종에 대한 지식에 비하면 매우 발전된 수준이다.[5]

복잡성은 아주 단순한 것에서 비롯된다

그러나 인간 유전자의 최종 개수가 2만 개든 3천 개든 또는 그 이상이든 중요한 것은 복잡성을 이해하는 데 있어 크기는 중요하지 않다는 것이다. 우리는 적어도 두 가지 맥락에서 오랫동안 이 사실을 알고 있었고, 이제 막 세 번째 맥락을 이해하기 시작했다.

수학자이자 제2차 세계대전에서 암호를 해독했던 앨런 튜링은 다세포 발달 이론을 정립했다. 튜링은 소수의 화학물질(튜링 모델에서는 두 가지에 불과함)이 서로 확산하고 반응하는 '반응-확산' 과정이라 불리는 간단한 수학 모델을 연구했다. 이런 모델은 반응을 지배하는 간단한 규칙을 통해 매우 복잡하지만 일관된 구조를 안정적으로 생성하여 쉽게 파악할 수 있다. 따라서 식물과 동물의 생물학적 구조에는 복잡한 프로그래밍이 필요하지 않다.

마찬가지로 인간 뇌의 100조 개에 달하는 연결은 인간을 인간답게 만드는 요소로서 개별적·유전적으로 프로그래밍할 수 없다는 것은 분명하다. 최근 인공지능의 획기적 발전은 신경망에 기반을 두고 있다. 신경망은 뉴런에 해당하는 단순한 요소들이 세상과 상호작용을 통해 스스로 연결을 구축하는 뇌의 컴퓨터 모델이다.

필기 인식 및 의료 진단과 같은 응용 분야에서 놀라운 성과를 거두었으며, 구글은 사람들을 초대해 인공지능이 부여된 창작물을 가지고 게임을 하고 그 가능성을 느낄 수 있도록 했다.

미생물, 기본을 뛰어넘다

하나의 세포가 매우 복잡한 결과를 만들어내기 위해 특별히 복잡할 필요가 없다는 것은 분명하다. 따라서 인간의 유전자 수가 바이러스나 박테리아와 같은 단세포 미생물의 유전자 수와 자릿수가 같다는 사실은 그리 놀랄 일이 아니다.

놀라운 것은 그 반대의 경우로 작은 미생물이 풍부하고 복잡한 삶을 살 수 있다는 사실이다. '사회미생물학'(sociomicrobiology)이라고 불리는 연구 분야가 성장하고 있는데, 이 분야에서는 미생물의 매우 복잡한 사회적 삶을 인간과 비교해 연구한다. 이 미시적 통속 드라마에서 나는 바이러스에 정당한 위치를 부여하는 일을 한다.

우리는 지난 10년 동안 미생물이 일생의 90% 이상을 생물학적 조직으로 생각할 수 있는 바이오필름으로 보낸다는 사실을 알게되었다. 실제로 많은 바이오필름은 뇌 조직과 마찬가지로 세포 간 전기 통신 시스템을 갖추고 있어 편두통이나 간질과 같은 뇌 질환을 연구하는 모델이 되었다. 바이오필름은 '미생물의 도시'라고도 할 수 있으며,[6] 사회미생물학과 의학 연구의 통합으로 낭포성 섬유증 치료와 같은 여러 분야에서 빠른 진전이 이루어지고 있다. 협력, 갈등, 진실, 거짓, 심지어 자살에 이르기까지 미생물의 다양한 사회적 삶은 21세기 진화생물학의 주요 연구 분야로 급부상하고 있다.

인간의 생물학이 우리가 생각했던 것보다 훨씬 평범한 것처럼, 미생물의 세계는 훨씬 더 흥미로워지고 있다. 그리고 유전자 수는 그것과 아무 관련이 없는 것 같다.

션 니 Sean Nee

펜실베이니아 주립대학교 브레이스웨이트 그룹에서 생태계 과학 및 관리 연구 교수로 재직하면서 이 책에 수록된 글을 썼다. 그곳에서 니 교수는 의식에 관한 과학적 연구를 추구했다. 지금은 고인이 된 빅토리아 브레이스웨이트(Victoria Braithwaite)뿐만 아니라 로버트 메이(Robert May), 존 메이너드 스미스(John Maynard Smith), 수네트라 굽타(Sunetra Gupta) 등과 함께 일했다. 그의 과학 관심 분야는 생물다양성, 이론 생태학, 진화 생물학, 수학이다.

8장

조지 E. 세이델 George E. Seidel

최초의 복제 양
돌리의 모든 것

스코틀랜드 과학자들이 성체 세포에서 성공적으로 복제한 최초의 포유류인 양 돌리를 세상에 공개한 지 25년이 넘었다.[1] 돌리의 특별한 점은 돌리의 '부모'가 실제로 성체 암양의 젖샘 조직에서 유래한 단일 세포였다는 것이다. 돌리는 그 양의 정확한 유전적 사본, 즉 복제 양이었다.

돌리는 사람들의 상상력을 사로잡았지만 현장 사람들은 이전 연구를 통해 이미 돌리의 탄생을 예견했다.[2] 나는 40년 넘게 포유류 배아를 연구했고,[3] 특히 소와 다른 가축 종을 복제하는 다양한 방법을 연구해 왔다. 실제로 돌리를 발표한 논문의 공저자 중 한 명은 스코틀랜드로 건너가기 전 3년간 우리 연구실에서 일하며 유명한 복제 소를 만드는 데 도움을 주었다.

돌리는 과학자들이 줄기세포 연구에서 새로운 개념을 추구할 뿐만 아니라 복제 기술을 지속적으로 개선하도록 영감을 준 중요한 이정표였다. 최종 목표는 유전적으로 동일한 가축 무리를 만드는 것이 아니다. 연구자들은 계속해서 기술을 개선하고 다른 방법과 결합해 전통적 동물 사육 방법을 개선하고 노화와 질병에 대한 통찰력을 얻기 위해 노력하고 있다.

정상 난자와 정자의 결합물이 아니다

돌리는 지극히 정상적인 양이었으며 수많은 정상 양을 낳았다. 돌리는 여섯 살 반까지 살다가 전염성 질병이 무리에 퍼져 복제 양과 정상적으로 번식한 양이 모두 감염되어 결국 살처분당했다. 돌리의 삶은 비범하지는 않았지만 그 기원이 돌리를 독특하게 만들었다.

돌리를 탄생시킨 수십 년간의 실험 이전에는 난자와 정자가 수정해야만 정상 동물을 생산할 수 있다고 생각했다. 자연은 그렇게 작동한다. 생식세포는 우리 몸에서 유일하게 유전물질이 뒤섞여 있고 다른 모든 종류의 세포에 비해 유전물질의 양이 절반으로 줄어든 유일한 세포다. 따라서 수정 시 이 반수체 세포(한 세트의 염

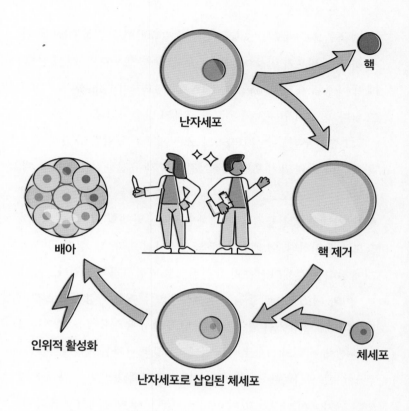

체세포 핵이식에서는 모든 DNA가 단일 성체 세포에서 비롯된다.
출처: VectorMine/iStock via Getty Images Plus

색체를 가진 세포. n세포라고도 함-옮긴이)가 결합하면 완전한 DNA를 가진 하나의 세포가 만들어진다. 서로 결합한 세포를 두 배 또는 두 배의 이배체 세포(두 세트의 염색체를 가진 세포. 2n이라고도 함-옮긴이)라고 한다. 반쪽이 합쳐져서 온전한 전체가 만들어진다.

그 순간부터 그 신체의 거의 모든 세포는 동일한 유전적 구성을 갖는다. 하나의 세포로 이루어진 배아가 유전물질을 복제할 때, 이제 두 개의 세포로 이루어진 배아의 두 세포는 유전적으로 동일하다. 차례로 유전물질을 복제하면 4세포 단계의 각 세포는 유전적으로 동일하다. 이 패턴은 계속 진행되어 허파, 뼈, 혈액 등 수조 개에 달하는 성체의 세포가 유전적으로 완전히 동일해진다.

이와 대조적으로 돌리는 체세포 핵이식이라는 방법으로 생산되었다. 이 과정에서 연구자들은 난자에서 유전물질을 제거하고 다른 신체 세포의 핵으로 대체한다. 그 결과 난자는 자손으로 자라는 배아를 생산하는 공장이 된다. 유전물질의 절반은 정자에서 절반은 난자에서 나오는 것이 아니라 모두 단일 세포에서 나온다. 처음부터 이배체다.

돌리를 향한 긴 연구 여정

돌리는 수백 번의 복제 실험을 통해 이배체 배아 및 태아 세포에서도 자손을 만들 수 있다는 것을 보여주었다.[4] 하지만 복제된 배아나 태아에서 태어날 동물의 모든 특성을 쉽게 알 수 있는 방법은 없었다. 연구자들은 16세포 배아의 일부 세포를 동결하고 나머지 세포로 복제 동물을 생산할 수 있었으며, 원하는 동물이 생산되면 동결된 세포를 해동해 더 많은 복제 동물을 만들 수 있었다. 하지만 이 방법은 성공률이 낮아 비현실적이었다.

돌리는 성체 세포에서도 자손을 만들 수 있음을 보여주었다. 따라서 복제되는 동물의 특성을 알 수 있었다. 내가 아는 바로는 돌리는 277번의 체세포 핵이식 시도 중 단 한 번의 성공이었다. 체세포 핵이식에 의한 복제 과정에서 비정상 배아가 생성되기도 하는데, 대부분은 죽는다. 이 과정은 크게 개선되었지만 사용되는 세포 유형과 종에 따라 결과는 매우 다양하다. 오늘날 대부분의 복제는 생검한 피부에서 얻은 세포를 사용해 이루어진다.

클론에 영향을 미칠 수 있는 유전자 그 이상

유전학은 이야기의 일부일 뿐이다. 클론(동일한 DNA를 가진 개체를 여러 개 만들어내는 행위를 클로닝이라고 하는데, 그런 방식으로 만들어진 개체-옮긴이)이 유전적으로 동일하더라도 표현형(표현하는 특성)은 다를 수 있다. 이는 자연적으로 발생하는 일란성 쌍둥이도 마찬가지다. 모든 유전자를 공유하지만, 특히 다른 환경에서 자란 경우 완전히 똑같지는 않다.

환경은 일부 특성에서 큰 역할을 한다. 음식 섭취는 체중에 영향을 미칠 수 있다. 질병은 성장을 저해할 수 있다. 이런 생활 습관,

영양 또는 질병의 영향은 개개인의 유전자가 켜지거나 꺼지는 데 영향을 미칠 수 있으며, 이를 후성유전(DNA 염기서열이 변화하지 않은 상태에서 이루어지는 유전자 발현 조절–옮긴이)적 영향이라고 한다. 두 개의 동일한 클론에서 모든 유전물질이 동일하더라도 동일한 유전자가 모두 발현되지 않을 수 있다.

우승한 경주마를 복제하는 관행을 생각해 보자. 우승자의 클론도 우승자가 되는 경우가 있지만, 대부분 그렇지 않다. 우승마는 특이점이기 때문에 올바른 유전자를 가지고 있어야 하지만, 우승 잠재력에 도달하기 위해서는 올바른 후성유전학과 적절한 환경도 필요하다. 예를 들어, 우승한 경주마가 태아 시절 경험한 자궁 상태를 완벽하게 복제할 수는 없다. 따라서 챔피언을 복제하면 보통 실망스러운 결과를 얻는다. 반면에 경주 우승마를 많이 낳은 종마를 복제하면 우승마를 닮은 복제마를 안정적으로 얻을 수 있다. 이는 표현형이 아닌 유전적 상황이다.

유전학은 신뢰할 수 있지만 복제 절차에는 후성유전학 및 환경이 최적이 아님을 의미하는 측면이 있다. 예를 들어, 정자는 미묘하게 수정란을 활성화하며, 제대로 활성화되지 않으면 죽게 되지만 복제의 경우 일반적으로 강한 전기 충격으로 활성화가 이루어진다. 복제와 후속 배아 발달의 많은 단계는 인큐베이터의 시험관에서 이루어진다. 이런 조건은 수정과 초기 배아 발달이 정상적으로 일어나는 여성 생식 기관을 완벽하게 대체할 수 없다.

때때로 비정상 태아가 만기까지 발달해 출생 시 이상을 초래하기도 한다. 일부 클론의 가장 두드러진 비정상적 표현형은 송아

지나 양이 정상보다 30~40% 더 커서 출산이 어려운 '큰 자손 증후군'이라고 불린다. 이 문제는 비정상 태반에서 비롯된다. 태어날 때 이러한 클론은 유전적으로는 정상이지만 몸집이 크며 고인슐린혈증과 저혈당 증상을 보이는 경향이 있다. (새끼가 더 이상 비정상 태반의 영향을 받지 않으면 시간이 지나면서 상태가 정상화된다.) 최근 복제 절차 개선으로 이런 이상 증상은 크게 감소했으며, 자연 생식에서도 발생하지만 그 발생률은 훨씬 낮다.

포유류 복제 가능성

거의 24종에 달하는 수천 마리의 포유류가 복제되었다. 이 중 극히 일부만이 실용적 용도로 활용되고 있다. 예를 들어 2014년에 노령으로 폐사한 유명한 앵거스 황소 '파이널 앤서'를 복제해 그의 정자로 더 우수한 품질의 소를 생산하기 위해 복제를 시도한 사례가 있다. 원래 돌리를 생산한 동기는 유전적으로 동일한 동물을 만드는 것이 아니었다. 그보다 연구자들은 복제 기술을 다른 방법과 결합해 소와 같은 종의 개체군을 변화시키는 데 수십 년이 걸리는 전통적 동물 사육 방법보다 훨씬 빠르게 동물을 효율적으로 유전적으로 변화시키기를 원했다.

한 가지 예로 젖소에 뿔이 나지 않는 유전자를 도입해[5] 뿔을 제거하는 고통스러운 과정을 거칠 필요가 없게 되었다. 더욱 놀라운 응용 분야는 돼지 생식기 호흡기 증후군(PRRS)을 유발하는 전염성이 강한 바이러스에 감염되지 않는 돼지를 생산하는 것이다.[6] 연구자들은 심지어 광우병(프리온이라는 전염성 단백질에 의해 발생하는 중추 신경계의 퇴행성 질병-옮긴이)에 걸리지 않는 소를 만들기도 했다.[7] 이런 육종 과정에는 체세포 핵이식이 필수 단계다.

현재까지 이러한 체세포 핵이식 실험은 과학 정보와 통찰력을 얻는 데 가장 가치 있게 기여했다. 이런 실험은 노화 측면을 포함해 정상 및 비정상 배아 발달에 대한 이해를 향상시켰다. 이러한 정보는 이미 선천적 결함을 줄이고, 불임을 개선하고, 특정 암과 싸우는 도구를 개발하고, 심지어 가축과 사람의 노화로 인한 일부 부정적 결과를 줄이는 데 도움이 되었다. 돌리가 개발된 지 20년이 넘었지만 중요한 응용 방법은 여전히 진화하고 있다.

조지 E. 세이델 George E. Seidel

콜로라도 주립대학교 명예교수로 재직하며 동물 생식 능력을 향상시켜 귀중한 유전자를 전파하는 기술 분야의 전문가였다. 미국 국립과학아카데미와 미국 발명가아카데미 회원이었던 세이델은 소와 말의 착상 전 배아를 이용한 생명공학 분야에서 국제적으로 인정받는 리더였다. 세이델 연구소는 소와 말의 배아를 비수술적으로 회수하고 이식하는 등의 기술을 개발하고 개선했다. 2021년 9월에 세상을 떠났다.

8장·최초의 복제양 돌리의 모든 것

마크 짐머 Marc Zimmer

크리스퍼, 형광 단백질, 광유전학 기술

왓슨과 크릭, 슈뢰딩거와 아인슈타인은 모두 과학에 대한 세상의 이해를 바꾼 획기적 이론을 제시했다.

오늘날에는 판세를 바꿀 만한 큰 아이디어는 흔하지 않다. 새롭고 개선된 기술은 현대 과학 연구와 발견의 원동력이다. 나와 같은 화학자를 포함한 과학자들은 이러한 기술을 통해 이전보다 더 빠르게 실험을 수행할 수 있으며, 전임자들이 알지 못했던 과학의 영역을 밝혀내고 있다.

유전자 편집 도구인 크리스퍼, 형광 단백질, 광유전학 등 세 가지 첨단 기술은 모두 자연에서 영감을 받았다. 수백만 년 동안 박테리아, 해파리, 해조류에서 사용해 온 생체 분자 도구가 이제 의학 및 생물학 연구에 사용되고 있다. 이런 도구는 직간접적으로 사람들의 삶을 변화시킬 것이다.

유전자 편집기로서의 박테리아 방어 시스템

박테리아와 바이러스는 서로 싸운다. 이들은 부족한 자원을 차지하기 위해 끊임없이 생화학 전쟁을 벌인다.[1] 박테리아가 보유한 무기 중 하나는 크리스퍼 유전자가위(CRISPR-Cas) 시스템이다. 이는 오랜 시간에 걸쳐 적대적 바이러스로부터 획득한 짧은 반복 DNA로 구성된 유전자 라이브러리로, 바이러스 DNA를 가위로 자르듯 자를 수 있는 Cas라는 단백질과 짝을 이룬다. 자연계에서 박테리아가 크리스퍼 서열에 DNA 정보가 저장된 바이러스의 공격을 받으면 CRISPR-Cas 시스템은 바이러스 DNA를 찾아내 잘라내어 파괴한다.

과학자들은 이 무기의 용도를 변경하여 획기적 효과를 거두었다. 캘리포니아대학교 버클리 캠퍼스 생화학자 제니퍼 다우드나와 프랑스 미생물학자 엠마뉴엘 샤르팡티에가 유전자 편집 기술인 CRISPR-Cas를 개발한 공로로 2020년 노벨 화학상을 공동 수상했다.

인간 게놈 프로젝트는 인간의 거의 완전한 유전자 서열을 밝

프랑스 미생물학자 엠마누엘 샤르팡티에(왼쪽)와 미국 생화학자 제니퍼
다우드나가 유전자 편집 기술 크리스퍼-Cas를 개발한 공로로 2020년
노벨 화학상을 공동 수상했다.
출처: Miguel Riopa/AFP via Getty Images

혀냈으며, 과학자들에게 다른 모든 생물체의 게놈 서열을 염기서
열 분석할 수 있는 틀을 제공했다. 하지만 크리스퍼 유전자가위가
개발되기 전에는 연구자들이 생명체의 유전자에 쉽게 접근하고
편집할 수 있는 도구가 없었다. 오늘날에는 CRISPR-Cas 덕분에
몇 달에서 몇 년이 걸리고 수십만 달러의 비용이 들던 실험실 작업
을 단 몇백 달러로 일주일도 안 되는 시간 안에 수행할 수 있게 되
었다.

하나의 유전자에서만 발생하는 돌연변이로 인해 발생하는 유
전 질환, 이른바 단일 유전자 질환은 1만 가지가 넘는다. 이런 질환

은 수백만 명의 사람들에게 영향을 미친다. 낫세포 빈혈증, 낭포성 섬유증, 헌팅턴병이 가장 잘 알려진 질환들이다. 여러 유전자의 오류를 교정하는 것보다 결함이 있는 유전자 하나만 고치거나 대체하는 것이 훨씬 간단하기 때문에 이러한 질환은 모두 크리스퍼 치료의 확실한 표적이 된다.

예를 들어, 전임상 연구에서 연구자들은 치명적인 신경 및 심장 질환을 유발하는 희귀 유전 질환인 트랜스티레틴 아밀로이드증(transthyretin amyloidosis)을 가지고 태어난 환자에게 캡슐화된 크리스퍼 시스템을 주입했다. 그 결과 트랜스티레틴 아밀로이드증 같은 질병과 관련된 결함이 있는 유전자를 찾아 편집하는 방식으로 CRISPR-Cas를 환자에게 직접 주입할 수 있음이 입증되었다. 이 획기적 연구에 참여한 여섯 명의 환자에서 캡슐화된 CRISPR-Cas 미니 미사일이 목표 유전자에 도달해 제 역할을 수행함으로써 질병과 연관된 잘못 접힌 단백질이 크게 감소했다.[2]

해파리, 미시 세계를 밝히다

북태평양에서 정처 없이 떠도는 수정해파리(*Aequorea victoria*)는 뇌도 없고 항문도 없으며 독침을 갖고 있지 않다. 생명공학의 혁명과는 관계가 없을 것 같다. 하지만 갓 주변에 약 300개의 광기관이 있어 과학 수행 방식을 변화시킨 녹색광을 발산한다.

해파리의 이 생물발광은 에쿼린(aequorin)이라는 발광 단백질과 녹색형광단백질(GFP)이라는 형광 단백질에서 비롯된다. 현대 생명 공학에서 GFP는 다른 단백질에 융합할 수 있는 분자 전등 역할을 하여 연구자들은 이를 추적해 생물체의 세포에서 단백질이 언제 어디서 만들어지는지 확인할 수 있다. 형광 단백질 기술은 날마다 수천 개의 실험실에서 사용되고 있으며, 2008년과 2014년에 노벨상을 두 번 받는 성과를 거두었다. 형광 단백질은 현재 더 많은 종에서 발견되고 있다.[3]

이 기술은 연구자들이 GFP를 발현하는 유전자 변형 코로나19 바이러스를 만들면서 그 유용성을 다시 한번 입증했다.[4] 형광 단백질은 바이러스가 호흡기로 들어가 머리카락 같은 구조로 표면 세포에 결합할 때 그 경로를 추적할 수 있게 해준다.

조류, 뉴런 수준에서 뇌를 조정하다

햇빛에 의존해 성장하는 조류를 어두운 방 대형 수족관에 넣으면 방향 없이 헤엄쳐 다닌다. 하지만 조명을 켜면 조류는 빛을 향해 헤엄친다. 단세포 편모조류는 이동에 사용하는 채찍 모양의 부속기관에서 이름이 유래했으며, 눈이 없다. 대신 빛과 어둠을 구별하는 안점이라는 구조가 있다. 안점에는 채널로돕신(channelrho-dopsin)이라는 빛에 민감한 단백질이 박혀 있다.

2000년대 초 연구자들은 이 채널로돕신을 어떤 생물체의 뉴런(신경아교세포와 더불어 신경조직에 있는 두 종류의 세포 중 하나. 신경세포라고도 함-옮긴이)에 유전적으로 삽입하고 청색광을 비추면 뉴런이 발화(세포막에 존재하면서 세포의 안과 밖으로 이온을 통과시키는 막 단백질인 이온채널이 열려 뉴런 막의 전위차가 연속으로 발생하는 현상-옮긴이)하는 것을 발견했다. 광유전학으로 알려진 이 기술은 채널로돕신을 만드는 조류 유전자를 뉴런에 삽입한다. 이 뉴런에 정확한 청색광을 비추면 채널로돕신이 열리고 칼슘 이온이 뉴런을 통해 방출되며 뉴런이 발화한다.

과학자들은 이 도구를 사용해 뉴런 그룹을 선택적으로 반복해 자극함으로써 특정 장애와 질병을 치료할 때 어떤 뉴런을 표적으로 삼아야 하는지 더 정확하게 파악할 수 있다. 광유전학은 알츠하이머나 파킨슨병과 같이 소모적이고 치명적인 뇌 질환을 치료할 수 있는 열쇠를 쥐고 있을지도 모른다.

하지만 광유전학은 뇌를 이해하는 데만 유용한 것은 아니다. 연구자들은 광유전학 기술을 사용해 실명을 부분적으로 되돌렸으며,[5] 망막 세포를 파괴하는 유전 질환인 망막색소변성증 환자를 대상으로 광유전학을 사용한 임상시험에서 유망한 결과를 얻었다. 또 마우스 연구에서 이 기술은 심장 박동을 조작하고 변비에 걸린 마우스의 배변을 조절하는 데 사용되었다.

자연의 도구 상자에는 또 어떤 것이 있을까?

자연에는 아직 발견되지 않은 어떤 기술이 숨겨져 있을까?

2018년에 발표된 연구에 따르면, 인간은 전체 생물체의 0.01%에 불과하지만, 지구상에 존재하는 짧은 기간 야생 포유류의 83%와 식물의 절반을 멸종시켰다고 한다. 자연을 파괴함으로써 인류는 아직 상상조차 못한 새롭고 강력하며 삶을 변화시킬 수 있는 기술을 잃어버리고 있을지도 모른다.

자연에서 파생된 이 세 가지 획기적 과정을 발견하여 과학의 수행 방식을 바꿀 수 있으리라고는 아무도 예측하지 못했다.

마크 짐머 Marc Zimmer

코네티컷대학교 진 템펠 '65 화학 교수이자 《과학의 현재: 미래가 보유한 것과 그것을 만드는 과학자들》(*The State of Science: The Future Holds and the Scientists Making It Happen*, 2020), 《질병 조명: 녹색 형광 단백질 입문》(*Illuminating Diseases: An Introduction to Green Fluorescent Proteins*, 2015), 그리고 청소년을 위한 책 네 권을 집필했다. 그중 《더 깨끗하고 친환경적인 지구를 위한 솔루션》(*Solutions for a Cleaner, Greener Planet*, 2015)은 2020 AAAS/Subaru SB&F 우수과학도서상 최종 후보에 올랐다. 〈USA 투데이〉와 〈로스앤젤레스 타임즈〉에 종종 기고하며, 〈이코노미스트〉 〈사이언스〉 〈네이처〉는 그를 인터뷰하고 그의 글을 인용했다. 짐머 교수의 연구 그룹은 계산적 방법을 사용해 생체 발광 단백질을 연구한다.

2부

생명공학,
식품,
환경

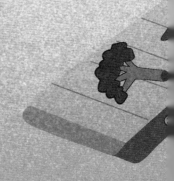

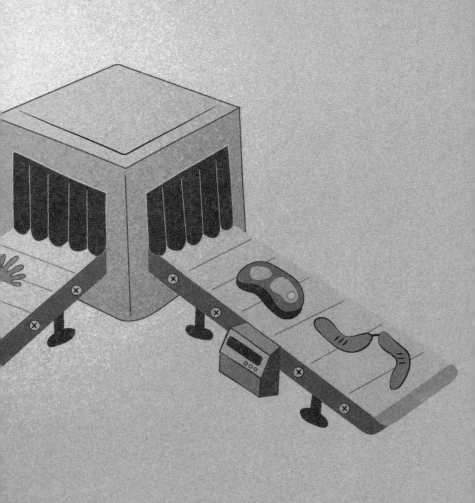

유전자 변형 생물체(GMO)를 사용해 식물을 생산하는 것은 항상 논란의 여지가 있다. 세계보건기구(WHO)와 미국·영국·프랑스의 국립학술원은 모두 GMO를 섭취해도 다른 식품을 섭취하는 것에 비해 인체에 큰 위험을 미치지 않는다는 성명을 발표했지만, 미국 국민의 약 절반은 여전히 GMO 식품이 건강에 더 나쁘다고 믿으며 유럽에서는 그렇게 믿는 사람이 더 많다.[1] 많은 GMO 식품이 기대했던 만큼 성취를 보여주지는 못했지만 크리스퍼 작물은 물과 농약을 덜 사용하면서 동시에 영양가를 높일 수 있는 큰 잠재력을 가졌다. 그래서 어떤 연구자들은 일부 GMO를 '유기농' 농산물로 표시하자고 캠페인을 벌인다.

생명공학 기술은 보다 지속 가능한 식품을 생산하는 것 외에도 깨끗한 환경에 기여하기도 한다. 예를 들어 뎅기열과 지카 바이러스를 옮기는 모기인 흰줄숲모기를 표적 방식으로 제거할 수 있는 크리스퍼 유전자가위를 설계해 질병과 살충제 사용을 줄이려는 노력이 진행되고 있으며, 합성생물학을 사용하여 박테리아를 유전적으로 변형시켜 채굴 및 오일샌드 폐기물에서 발견되는 오염 물질을 제거하는 연구도 진행되고 있다. 가축 사육은 식품 생산에서 배출되는 온실가스의 57%를 차지한다.[2] 독창적인 비유전자변형(non-GMO) 식물성 육류 대체품 덕분에 식물성 패스트푸드 버거는 기존 육류와 구별할 수 없는 수준에 이르렀다. 2부에서는 식품 생산과 환경 보호에 있어 유전공학의 잠재력을 조사하고, 이 새로운 기술이 제기하는 몇 가지 규제 문제에 대해 논의한다. 이 분야가 얼마나 논란의 여지가 많고 복잡한지, 여론과 전문가 지식, 규제, 과대광고에 의해 어떻게 다른 방향으로 흘러가고 있는지를 강조한다. 2부의 글들은 GMO에 대한 개요를 제공하기 위해 선정되었으며, 과학적 측면에 중점을 두었지만 역사적·윤리적 관점도 일부 다룬다.

10장

캐슬린 메리건 Kathleen Merrigan

농업 전문가가 설명하는 '생명공학 식품'

미국 농무부(USDA)는 생명공학 식품을 "특정한 실험 기술을 통해 변형되어 기존 육종으로는 만들 수 없거나 자연에서 발견할 수 없는 유전물질이 검출될 수 있는 식품"으로 정의한다.[1] GMO라고 하는 유전자 변형 생물체가 본질적으로 그렇게 정의되어 있기 때문에 이 정의는 낯설지 않다. 2022년 1월 1일, 미국 농무부는 생명공학 식품에 대한 새로운 공개 기준을 시행했다. 소비자들은 농경지에 내리쬐는 태양 아이콘이 있는 녹색 물개 위에 '생명공학'이라는 용어 또는 '생명공학에서 유래'라는 문구가 인쇄된 식품 라벨을 보게 될 것이다.

미국에서 재배되는 옥수수, 대두, 사탕무의 90% 이상이 유전자 변형된 것이다.[2] 이는 고과당 옥수수 시럽, 사탕무 설탕 또는 대두 단백질을 함유한 많은 가공식품이 새로운 공개 기준에 해당할 수 있음을 의미한다. 게다가 특정 유형의 가지, 감자, 사과 등 미국 농무부의 생명공학 식품 목록에 있는 다른 전체식품에도 이 라벨을 부착해야 할 수 있다.

공개에 대한 논쟁

식품 제조업체들은 역사적으로 라벨링에 반대해 왔다. 그들은 이 표시가 소비자들이 생명공학 식품이 안전하지 않다고 생각하도록 오도한다고 주장한다. 미국 농무부 및 세계보건기구와 함께 수많은 연구에서 유전자 변형 식품 섭취가 건강에 위험을 초래하지 않는다는 결론을 내렸다.[3]

그러나 많은 소비자는 식품에 유전자 변형 물질이 포함되어 있는지 여부를 알 수 있는 라벨을 요구해 왔다. 2014년 버몬트주는 유전자 변형 식품 표시를 의무화하는 엄격한 법률을 제정했다. 주마다 제각각인 법과 규제를 두려워한 식품 제조업체들은 다른 주에서도 같은 조치를 취하지 못하도록 '연방 공개 기준'을 제정하도록 하는 로비를 벌였고, 성공했다. 이 라벨을 도입하면서 미국은 일종의 라벨링을 요구하는 64개 국가에 합류했다.[4]

그러나 소비자 및 알 권리 옹호자들은 새로운 연방 공개 기준에 만족하지 않는다. 식품 라벨링 비영리단체 및 소매업체 연합을 대표하는 단체인 식품안전센터는 이 기준이 일반적인 언어를 사용하지 않을 뿐만 아니라 기만적이고 차별적이라고 주장하며 미국 농무부를 상대로 소송을 제기했다.

이 견해에 따르면, 이 기준은 허점이 있어서 많은 생명공학 식품이 의무 공개 대상에서 제외되기 때문에 기만적이며, 이는 소비자의 기대와 일치하지 않는다. 유전물질이 검출되지 않거나 완제품의 5% 미만이면 공개할 필요가 없는데, 그 결과 생명공학 작물로 만든 설탕이나 기름과 같이 고도로 정제된 대부분의 제품이 표시 요건에서 제외될 수 있다. 레스토랑, 카페테리아, 푸드 트럭을 포함한 운송 시스템에서 제공되는 생명공학 식품도 제외된다. 또 이 기준에서는 육류, 가금류, 달걀은 물론 이 식품들을 첫 번째 성분으로 표시하거나 물이나 육수 다음의 두 번째 성분으로 표시하는 제품도 제외된다. 이 새로운 공개 기준에 따라 무엇이 포함되고 무엇이 제외되는지 알려면 43분 분량의 미국 농무부의 웨비나를 시청하는 것이 좋다.

비판자들은 이 기준이 식품 제조업체에 녹색 생명공학 인증 마크를 대체할 수 있는 공개 옵션을 제공하기 때문에 차별적이라고 말한다. 여기에는 전화나 문자로 정보를 요청할 수 있는 전화번호를 기재하거나 스마트폰으로 스캔할 수 있는 QR코드가 포함된다. 그러나 비판자들은 미국의 많은 사람들, 특히 65세 이상과 연간 소득 3만 달러 미만인 사람들은 스마트폰을 사용하기 어렵다고

지적한다.[5]

생명공학 식품을 피하고 싶은 소비자는 유전자 변형 성분을 금지하는 유기농 인증을 받은 제품을 구입하는 것이 가장 좋다. 또는 나비가 그려진 자발적 유전자 변형 프로젝트 인증 라벨을 검색할 수도 있다.[6] 이는 2010년에 시작되어 수만 개의 식료품에 표시되어 있다. 두 라벨 모두 제3자 검사자가 비GMO 기준을 충족했는지 확인했음을 나타낸다.

이 연방 라벨링 기준은 큰 주목을 받지 못하고 시장에 출시되었다. 아마도 식품의 유전자 변형을 둘러싼 갈등의 어느 쪽도 이 기준을 승리라고 생각하지 않기 때문일 것이다.

캐슬린 메리건 Kathleen Merrigan

지속 가능한 식품 시스템을 위한 스웨트 센터(Swette Center) 전무이사 겸 수석 글로벌 미래 과학자. 애리조나 주립대학교의 지속가능성 학교, 보건 솔루션 대학, 공공 문제 학교, 모리슨 농업 경영 대학에서 켈리 앤 브라이언 스웨트(Kelly and Brian Swette) 지속 가능한 식품 시스템 교수로 재직하고 있다. 동시에 농업기술 솔루션에 투자하는 벨기에 소재 벤처 캐피털 회사 아스타노르(Astanor)의 벤처 파트너로 활동한다. 2009년부터 2013년까지 미국 농무부 차관보 겸 최고운영책임자로 재직했다. 그 전에는 미국 상원에서 유기농 식품에 대한 국가 기준을 제정하는 법률을 작성하는 등 다양한 학술 및 농업 정책 관련 직책을 맡았다.

11장

레베카 맥켈프랭Rebecca Mackelprang

유전자 편집을 통한 유기농업?

캘리포니아대학교 버클리 캠퍼스 교수가 연단에 서서 유전공학의 잠재력에 대해 초청 강연을 하고 있다. 대부분 유기농업 지지자인 청중은 불안한 표정으로 귀를 기울인다. 그때 한 남성이 자리에서 일어나 앞쪽으로 다가온다. 연사는 그가 허리를 굽혀 전원 코드에 손을 뻗어 프로젝터 플러그를 뽑는 모습을 지켜보면서 당황하여 잠시 말을 멈춘다. 방이 어두워지고 정적이 흐른다. 다른 사람의 생각을 들어주는 건 여기까지.

많은 유기농 옹호자들은 유전자 조작 작물(genetically engeneered

crops, 게놈 편집을 사용한 작물을 유전공학을 사용한 유전자 변형 작물[GMO]과 구분하기 위해 사용하는 용어—옮긴이)이 인간의 건강과 환경, 그리고 그 작물을 재배하는 농부에게 해롭다고 주장한다. 반면 생명공학 기술을 옹호하는 사람들은 유전자 조작 작물이 안전하며,[1] 살충제 사용을 줄이고, 개발도상국의 자급자족 농부들이 자신과 가족을 위해 더 일정한 양의 작물을 수확할 수 있게 한다고 반박한다. 유전자 편집 기술인 크리스퍼가 정말 'GMO 2.0'인지 아니면 식물 육종 과정을 가속화하는 유용한 새 도구인지에 대해서는 여전히 의견이 분분하다.[2]

나는 식물분자생물학자로 교육받았으며 크리스퍼와 유전공학 기술의 놀라운 잠재력을 높이 평가한다. 그리고 그것이 유기농업의 목표에 위배된다고 생각하지 않는다. 사실 생명공학 기술은 이러한 목표를 달성하는 데 도움이 될 수 있다. 유전공학에 대한 논쟁을 다시 거론하는 것은 비생산적인 것처럼 보이지만, 게놈 편집은 양측을 건강한 대화를 위한 자리로 끌어낼 수 있다. 그 이유를 이해하려면 크리스퍼를 이용한 게놈 편집과 유전공학의 차이점을 자세히 살펴볼 필요가 있다.

유전공학, 크리스퍼, 돌연변이 육종의 차이점

반대론자들은 크리스퍼가 대중을 기만하여 유전자 조작 식품을 먹게 하려는 교묘한 방법이라고 주장한다. 크리스퍼와 유전공학을 한데 묶고 싶은 유혹이 있을 수 있다. 그러나 유전공학과 크리스퍼를 한꺼번에 언급하면 유전적 수준에서 일어나는 일을 전달하기에 너무 광범위해지므로 자세히 살펴보겠다.

특정 유형의 유전공학에서는 서로 관련이 없는 생물체의 유전자를 식물 게놈에 도입할 수 있다. 예를 들어 방글라데시에서 재배되는 가지의 상당수에는 곤충에 해로운 Bt(*Bacillis thuringiensis*라는 박테리아가 만드는, 곤충 장에 구멍을 뚫는 독소—옮긴이) 단백질을 만드는 박테리아 유전자가 포함되어 있다.[3] 가지 DNA에 이 유전자가 있으면 가지를 먹는 곤충에게 치명적이기 때문에 살충제를 덜 사용해도 된다. Bt는 인간에게는 안전하다. 초콜릿이 개에게는 치명적이지만 사람에게는 영향을 미치지 않는 것과 마찬가지다.

또 다른 유형의 유전공학은 한 식물 종의 유전자를 같은 종의 다른 품종으로 옮길 수 있다. 예를 들어, 연구자들은 야생 사과나무에서 화상병(fire blight)에 저항성을 갖게 하는 유전자를 발견했다. 연구진은 이 유전자를 갈라 갤럭시 사과에 옮겨 병에 강한 사과를 만들었다. 하지만 2022년 초까지 이 새로운 사과 품종은 상용화되지 않았다.

과학자들은 DNA 시퀀싱을 사용해 사후에 위치를 확인하지만, 전통적 유전공학으로는 유전자가 게놈의 어느 위치에 삽입되었는지 지시할 수 없다. 이와 대조적으로 크리스퍼는 정밀한 도구다. 워드 프로세서의 '찾기' 기능을 통해 사용자가 문서에서 특정 단어로 이동할 수 있는 것처럼, 크리스퍼는 게놈의 특정 부위를 찾아낸다. 그리고 그 위치에서 두 가닥의 DNA를 잘라낸다. 절단된

DNA는 세포에 문제가 될 수 있기 때문에 세포는 신속하게 '복구팀'을 배치해 손상된 부분을 복구한다. DNA를 복구하는 경로는 두 가지다. 하나는 '수정을 위한 크리스퍼'(상동 의존성 수리-옮긴이)라고 부르는 것으로, 문서에 새 문장을 붙여 넣는 것처럼 새로운 유전자를 삽입해 잘린 끝부분을 서로 연결할 수 있다.

'돌연변이를 위한 크리스퍼'(비상동 말단 접합-옮긴이)에서는 세포 복구 팀이 잘린 DNA 가닥을 다시 붙이려고 시도한다. 때때로 복구 팀이 오류를 일으켜 돌연변이라고 하는 작은 DNA 변화를 일으킬 수 있다. 과학자들은 이 복구 팀이 절단한 부위에 의도적으로 원하는 '오류'를 만들 수도 있다. 이 기술은 식물 내부에서 유전자의 행동을 조정하는 데 사용된다. 예를 들어 곰팡이 감염에 대한 감수성을 높이는 유전자와 같이 식물 생존에 해로운 유전자를 비활성화하는 데에도 사용할 수 있다.[4]

생명공학의 일종인 돌연변이 육종은 이미 유기농 식품 생산에 사용되고 있다. 돌연변이 육종에서는 방사선이나 화학물질을 사용해 수백 또는 수천 개의 씨앗 DNA에 무작위로 돌연변이를 일으킨 다음 밭에서 재배한다. 육종가는 질병 저항성이나 수확량 증가와 같은 원하는 형질을 가진 식물이 있는지 조사한다. 이 과정을 통해 퀴노아 품종부터 자몽 품종까지 수천 가지 새로운 작물 품종이 만들어지고 상용화되었다.[5] 돌연변이 육종은 전통 육종 기법으로 간주되므로 미국 유기농 재배에서 '배제된 방법'이 아니다.

돌연변이를 위한 크리스퍼는 유전공학이라기보다는 돌연변이 육종에 더 가깝다. 돌연변이 육종과 유사한 최종 결과물을 생성

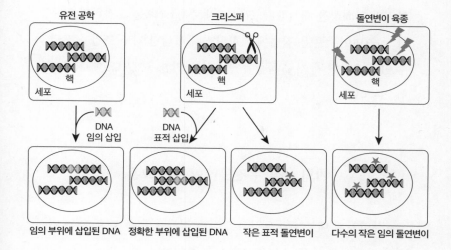

유전 공학	크리스퍼	돌연변이 육종

DNA 임의 삽입

DNA 표적 삽입

임의 부위에 삽입된 DNA   정확한 부위에 삽입된 DNA   작은 표적 돌연변이   다수의 작은 임의 돌연변이

전통 유전공학에서는 새로운 유전자가 생물체 게놈의 임의의 위치에 추가된다.
수정을 위한 크리스퍼도 새로운 유전자를 추가할 수 있지만, 게놈의 특정 위치에
새로운 유전자를 도입한다. 돌연변이를 위한 크리스퍼는 새로운 DNA를 추가하지
않는다. 그보다는 정확한 위치에서 작은 DNA 변화를 일으킨다. 기존 식물
돌연변이 육종 방식은 화학물질이나 방사선(번개로 상징되는)을 사용해 종자의
게놈에 무작위로 위치한 작은 돌연변이를 유도한다. 그 결과 생성된 식물 중에서
유도된 돌연변이로 인한 바람직한 표현형을 선발한다.

출처: Rebecca Mackelprang, CC BY-SA.

하지만 임의성을 제거했다. 그리고 새로운 DNA를 도입하지 않는다. 돌연변이 육종은 질병에 저항하거나 불리한 기후 조건을 견딜 수 있는 유용한 새 식물 품종을 생성하기 위한 통제되고 예측 가능한 기술이다.

기회 상실: 유전공학이 주는 교훈

상업화된 대부분의 유전자 조작 형질은 옥수수, 대두 또는 면화에 제초제 내성 또는 해충 저항성을 부여한다. 하지만 이와는 다른 유전자 조작 작물도 많다. 일부는 현장에서 재배되고 있지만 대부분은 규제 장애물을 통과하는 데 드는 막대한 비용 때문에 연구실의 어두운 구석에서 잊혀가고 있다. 규제 환경과 대중의 인식만 개선된다면, 가치 있는 형질을 가진 작물은 크리스퍼를 통해 생산되어 우리 농작물과 식탁에서 흔히 볼 수 있게 될 것이다.

예를 들어, 캘리포니아대학교 버클리 캠퍼스의 전 지도교수는 동료들과 함께 저자극성 밀 품종을 개발했다. 이 밀 씨앗은 봉투에 담겨 건물 지하에 수년 동안 방치되어 있다. 세균성 질병을 방어하는 달콤한 고추 유전자를 사용해 구리 기반 살충제의 필요성을 줄여주는 토마토는 개발 자금을 확보하는 데 어려움을 겪고 있다. 당근, 카사바, 양상추, 감자 등은 영양가를 높이게끔 설계되었다. 이런 품종들은 유익한 새로운 특성을 구현하는 데 있어 연구자들의 창의성과 전문성을 보여준다. 그렇다면 왜 식료품점에서 저자극

거대 농업의 지배력 완화

새로운 유전자 조작 작물을 위한 연구 개발에는 대형 종자 회사에서 약 1억 달러의 비용이 든다. 미국 농무부(USDA), 환경보호청(EPA) 및/또는 식품의약국(FDA)이 제시하는 규제 장애물을 통과하는 데는 (유전자 조작 형질에 따라) 역사적으로 5-7년이 걸렸으며, 추가로 3,500만 달러가 소요되었다. 규제는 중요하며 유전자 조작 제품은 신중하게 평가되어야 한다. 하지만 막대한 비용으로 인해 막대한 자본을 보유한 대기업만 이 분야에서 경쟁할 수 있었고, 소규모 기업과 학계 연구자나 비정부 기관은 배제되었다. 농작물 상업화에 투자한 1억 3,500만 달러를 회수하기 위해 기업들은 종자 구매 최대 시장인 옥수수, 대두, 사탕무, 면화 재배자들을 만족시킬 수 있는 제품을 개발한다.

'돌연변이용 크리스퍼'를 사용해 개발한 식물은 그 정밀성과 예측 가능성으로 인해 연구 개발 비용이 훨씬 저렴하며, 미국에서는 농무부의 규제 대상에서 제외된다.[6] 결과적으로 크리스퍼는 대형 종자 회사의 지배적인 재정적 영향력에서 벗어날 수 있게 된다. 학계, 중소기업, 비정부 기관에서 일하는 연구자들은 노력과 지적 자본을 통해 유익한 게놈 편집 결과물을 얻을 수 있으며, 그 결과물은 연구실 건물 지하실에 영원히 갇혀 있지 않을 수 있다.

공통 기반: 지속가능성을 위한 크리스퍼

크리스퍼의 게놈 편집 기능이 공개된 이후 몇 년 동안 학계, 스타트업 및 기존 기업들은 이 기술을 활용한 새로운 농산물을 개발 중이라고 발표했다. 이들 중 일부는 셀리악병 환자를 위한 글루텐 함량이 낮거나 글루텐을 포함하지 않은 밀과 같이 소비자 건강을 위한 특성에 초점을 맞추고 있다. 또 갈변하지 않는 버섯과 같은 농산물은 음식물 쓰레기를 줄일 수 있다.

진화가 따라잡을 수 있는 속도보다 기후가 빠르게 변화함에 따라 토마토, 옥수수, 쌀 및 기타 여러 식품에서 가뭄과 염분에 대한 내성을 키우기 위한 빠른 육종이 이루어지고 있다. 흰가루병에 강한 토마토는 살균제 살포 필요성을 없애 수십억 달러를 절약할 수 있다. 일찍 꽃을 피우고 열매를 맺는 토마토 식물은 낮이 길고 생육 기간이 짧은 북위도에서 재배할 수 있다. 급격한 기후 변화에 따라 크리스퍼 기술은 더욱 중요해질 것이다.

유기농 재배자들과 다른 견해

미국 국가유기농표준위원회(NOSB)는 모든 게놈 편집 작물을 유기농 인증에서 제외하기로 의결했다.[7] 하지만 나는 NOSB가 이를 재고해야 한다고 생각한다.

내가 인터뷰한 유기농 재배자 중 일부는 이에 동의했다. 캘리포니아 유기농 명예 농부인 톰 윌리는 "전통 육종법으로는 여러 세대에 걸쳐 식물을 재배해야 하는 과정을 단축하는 데 유용한 상황이 있다고 본다"라고 말했다. 그는 또 자연 생태계 파괴는 농업의 주요 과제이며 이 문제를 게놈 편집으로 완전히 해결할 수는 없지만 높은 수확량을 위한 수천 년에 걸친 육종으로 잃어버린 "작물 종의 야생 조상 게놈에 접근해 유전물질을 되찾을 기회"를 제공할 수 있다고 말했다. 육종가들은 이러한 다양성을 재도입하기 위해 전통 육종을 성공적으로 사용해 왔지만 "기후 변화로 인한 긴급성을 고려할 때 이러한 작업을 가속화하기 위해 크리스퍼를 현명하게 사용할 수 있을 것"이라고 윌리는 결론지었다.

유기농 옥수수 육종가이자 위스콘신대학교 매디슨 캠퍼스 교수 빌 트레이시는 자연에서 일어날 수 있는 많은 변화가 크리스퍼로 인해 여러 농부에게 혜택을 줄 수 있다"라고 말했다. 그러나 NOSB는 이미 이 문제에 대해 투표했으며, 큰 압력 없이 규칙이 변경될 가능성은 낮다. 트레이시는 "어떤 사회적 활동이 이 문제를 움직일 수 있는지에 대한 문제다"라고 결론지었다.

생명공학 논쟁에서 양측 사람들 모두 인류와 환경에 유익한 결과를 극대화하기를 원한다. 유기농(및 재래식) 재배자, 지속 가능한 농업 전문가, 생명공학자, 정책 입안자 들이 협력해 문제를 해결하면 개별 그룹이 단독으로 행동하면서 서로를 무시하는 것보다 더 큰 진전을 이룰 수 있다. 이런 협력을 가로막는 장벽이 커 보일 수 있지만, 이는 우리 스스로가 만들어낸 장벽이다. 앞으로 더 많은 사람이 프로젝터를 켜고 유전자 조작 작물에 대한 토론에 참여하면 좋겠다.

레베카 맥켈프랭 Rebecca Mackelprang

2017년 캘리포니아대학교 버클리 캠퍼스에서 미생물 병원체에 대한 식물의 반응을 연구해 식물생물학 박사 학위를 받았다. 과학을 공유하고자 하는 그녀의 열정은 연구실에서 벗어나 페기 르모(Peggy Lemaux) 박사와 함께하는 주로 농업 생명공학에 중점을 둔 과학 커뮤니케이션 박사후 과정으로 옮겨갔다. 2019년에는 미국과학진흥협회 매스미디어 펠로우로 활동했으며, 비영리 미디어 매체인 엔시아(Ensia)에 배치되어 환경에 관한 글을 썼다. 그 후 공학 생물학 연구 컨소시엄에서 과학 정책 박사후 과정을 밟았으며, 현재 보안 프로그램 부책임자로서 생명공학 기술의 책임 있는 개발과 사용을 촉진하는 데 주력하고 있다.

12장

폴 B. 톰슨 Paul B. Thompson

유전자 변형 식품에 대한 미국과 유럽의 다른 입장

대서양 양쪽에 유포된 신화가 있다. 미국인은 유전자 변형 생물체(GMO)를 의심 없이 식재료로 받아들인 반면 보다 신중한 유럽인은 이를 거부했다는 것이다. 그러나 이는 1980년대부터 시작되는 초기에 GMO가 미국에서 상당한 논란을 겪었다는 사실을 간과한 것이다.

2010년경 미국에서는 소비자들의 우려 증가, 주정부의 라벨링 정책, 미국 판매 제품에 대한 점점 더 커져가는 'GMO 무함유' 주장의 등장으로 인해 부메랑 효과가 나타났다. 미국 의회는 2016년에 국가 생명공학 식품 공개 기준을 제정했다. 한편 유럽에서는 논란이 가라앉지 않고 있는 것으로 보인다. 많은 유럽 소비자들의 저항이 약화되고 있다는 징후에도 불구하고 유럽연합은 지금까지 유전자 편집(edited) 식품에 대해 훨씬 더 엄격한 규제와 표시 요건을 적용하고 있다.

유럽과 미국의 소비자와 정책 입안자 들이 서로 다른 길을 택한 이유는 무엇일까? GMO의 초창기를 살펴보면 그 이유를 알 수 있다.

젖소 소동

미국에서 처음 유전자 조작(engineered) 식품으로 승인된 두 개 제품은 레넷(rennet)이라고 하는 재조합 키모신(chymosin, 치즈 생산에 사용되는 효소)과 젖소의 수유 주기를 연장하는 데 사용되는 성장 호르몬인 소의 재조합 소마토트로핀(BST)이다. 두 가지 모두 많은 약물과 거의 동일한 방식으로 유전자 조작 미생물에서 생산된다. 그런데 재조합 레넷은 미국과 유럽 모두에서 별다른 이견 없이 승인된 반면 재조합 BST는 논란을 일으켰다.

1985년 경제학자들이 재조합 BST(rBST)가 유제품 산업에서 비중이 커질 것이라고 예측하면서 논란은 시작되었다. 당시 미국 낙농업은 이미 전산화된 기록 관리, 목장 관리, 착유 장비 통제 등으로 통합이 시작되고 있었다. 수유 주기가 길어진 덕분에 한 시설에서 수십, 수백 마리 젖소가 아니라 수천 마리 젖소를 착유하는 방식으로 전환하면서 미국 전역에서 소규모 낙농가가 파산하리라는 우려는 더욱 커졌다.

그 결과 rBST는 미국 식품의약국(FDA)의 매우 길고 지루한 승인 절차를 거쳤고, 이례적으로 의회의 특별법에 의해 승인된 후 사실상 시장 출시가 보류되었다. 이 법에 따라 실시된 특별 검토 결과는 rBST의 안전성에 대한 FDA의 평가와 일치했으며, 미국 정부가 예상되는 사회경제적 결과를 고려해 신기술을 규제한 전례가 없다는 점을 부가적으로 명시했다. 1990년대 초 클린턴 행정부 초기에 rBST에 대한 유예 조치가 만료되었고, 이에 따라 rBST가 시장에 출시될 수 있었다.

하지만 이것으로 논란이 끝나지 않았다. 특히 소규모 낙농가의 유제품을 선호하는 뉴잉글랜드에서 'rBST 무첨가' 우유를 홍보하기 위해 많은 시도를 했다. 일반적으로 식품과 관련된 모든 주장에 대해 일부 소비자는 건강과 관련이 있다고 간주하는 경향이 있다. FDA는 모든 우유에 BST가 함유되어 있고 이미 rBST 우유가 일반 우유만큼 안전하다는 결론을 내렸기 때문에 'rBST 무첨가' 주장은 오해의 소지가 있다고 판단했다.

FDA는 매우 적극적으로 이러한 주장을 단속하려고 나섰다. 벤앤제리스아이스크림 회사는 이런 상황에서도 'rBST 무첨가' 라벨을 유지하기 위해 애쓴 몇 안 되는 기업 중 하나였다. 벤앤제리스는 모든 우유에 BST가 함유되어 있으며 rBST를 사용하지 않은 유제품 생산업체에서 우유를 공급받는 것이 소비자 건강과는 무관하다고 천명했다. 결국 FDA를 무마시킨 한 문단의 라벨 필수 문구에는 '벤앤제리스에 우유를 공급하는 모든 업체가 동일하게 rBST를 사용하지 않았는지는 확신할 수 없다'는 내용이 추가로 명시되었다.

한편 캐나다와 유럽 기관들은 동물 건강을 이유로 rBST를 반대하는 판결을 내렸다. 우유 생산량이 증가하도록 유도하면 유방염 위험이 통계적으로 증가한다.[1] 반면 미국은 생명공학에 우호적인 정치 환경이 조성되어 있어 가장 엄격한 건강 관련 주장을 제외하고는 규제나 라벨링 요구에 적대적이었다.

윤리

생명공학이 농업이라는 큰 사회적 맥락에서 환대를 받았다면, 향후 몇 년 동안 그 기량을 증명해야 하는 느슨하게 짜인 동맹 입장에서는 분명 그렇지 않았다.

거의 잊혀질 뻔한 1990년 문서인 "생명공학의 쓴 수확"(Bio-technology's Bitter Harvest)에는 일련의 불만이 담겨 있었다.[2] 그중에서도 소규모 농장의 파산과 농업 예속화에 대한 우려, 대규모 단작(한 작물만 경작하는 것−옮긴이), 기계화, 화학물질 투입에 대응하는 환경친화적 대안에 대한 미국 농업 연구의 투자 부족과 무시 경향이 가장 큰 문제였다.

"생명공학의 쓴 수확" 필자들은 유전자 조작이 이런 경로를 따를 것이라고 예측했다. 그래서 토지보조금을 받는 대학과 미국 농무부(USDA)가 오늘날 우리가 유기농과 연관시키는 생산 방법을 더 수용하도록 포트폴리오를 확장해야 한다고 요구했다. 농업 연구 기관이 이러한 조언을 따랐다면 오늘날과 같은 산업 농업과 대안 농업 사이의 극단적 소외와 분열은 없었을 것이라는 점은 적어도 이견의 여지가 없다.

생명공학 산업 자체가 이러한 움직임에 동조하려 한 순간도 잠시 있었다. 1990년대 초 비영리 단체인 키스톤센터(Keystone Center)는 의료 및 식품 응용 분야와 관련된 윤리적 문제를 제기하는 새로운 유전자 기술에 대한 일련의 '전국 대화'를 진행했다. 나는 한 세션에 참석해 모든 보고서를 읽었다.

이런 노력은 주류 농업에 대한 심각하고 점점 더 커지는 불만의 증거였지만, 인간의 의료 문제는 분명 중요하고도 어려운 문제였다. 이 회담의 결론은 사람들이 유전자를 조작하여 개발할 수 있는 약물을 원하지만, 인간 생식세포에 유전공학을 적용하는 데는 윤리적 문제가 있다는 인식이었다.[3] 식량 작물과 특히 식용 동물의 조작에 대한 윤리적 우려는 점점 줄어들었다.

어쨌든 우려는 표명되었지만, 미국 규제 기관은 의회가 승인 법률에 명시하지 않은 요소에 근거하여 결정을 내리는 것을 꺼렸다. 미국의 규제 결정에 대해서는 법정에 이의를 제기할 수 있고 정기적으로 이의가 제기된다. USDA와 FDA, 미국 환경보호청(EPA)의 내부 논의는 공개되지 않았지만, 이들 기관의 법률 고문들은 협소하게 해석된 건강과 환경 영향만을 고려하라는 압력에 따르지 말 것을 촉구했을 것으로 추정할 수 있다. 최초의 유전자 조작 작물은 1990년대 후반에 승인되었으며, 2000년에 이르러서는 미국 옥수수와 대두 농가 상당수가 GMO 품종을 재배하고 있다.

안전 및 규제

식품 안전은 어떤가? 이 부분을 이해하려면 미국에서 식품이 어떻게 규제되는지 살펴볼 필요가 있다. FDA는 착색제나 방부제 같은 첨가제와 rBST 같은 동물용 의약품을 규제할 수 있는 명확한 권한을 가졌다. 그러나 식품 자체는 미국 법률에 따른 의무 검토 대상이 아니다. FDA는 오랫동안 '일반적으로 안전하다고 인정되는' 식품 및 식품 성분 목록을 배포해 왔다(GRAS, Generally Recognized as Safe). GRAS 목록에 있는 품목을 조합하는 식품 회사는 미국 제조물 책임법에 따라 제기될 수 있는 소송으로부터 보호받을 수 있는 FDA의 포괄적 인증을 받는다.

한편 초대 부시 행정부 시절부터 규제 기관은 기존 법률에 근거해 생명공학을 규제하라는 지시를 받았기 때문에 GMO 식품을 의무적으로 검토할 필요는 없었다. 이는 오늘날까지 논란의 여지가 있는 결정이다.

결국 FDA는 유전자 변형으로 생산된 단백질이나 활성제와 같은 유전자 산물이 GRAS 목록에 있는 원료가 아닌 경우 첨가물로 취급하겠다고 발표했으며, 이러한 정책 변경을 통해 FDA는 식품에 새롭게 도입된 유전자에 대해 강력한 권한을 갖게 되었다. 그러나 규제 검토를 요구할 권한이 없었기 때문에 FDA는 생명공학 기업이 자발적으로 어떤 유전자를 작물에 도입했는지 보고하는 데 의존해야 하는 입장이었다. 동물의 경우는 달랐다. 2015년 이전에는 미국에서 식용으로 승인된 유전자 변형 동물이 없었기 때문에, 동물의 모든 유전자 변형은 동물용 의약품으로 규제된다.

이후 이러한 접근 방식은 "실질적 동등성"(유전자 변형 식품이 절대적으로 안전하다는 것이 아니라 기존 식품과 비교해 안전성 차이가 나지 않는다는 기준─옮긴이)이라고 불리며, FDA는 GRAS 식품의 화학 성분에 대해 기업이 제출한 데이터만 검토하기 때문에 규제 승인에 해당되지 않는다. GMO는 USDA와 EPA의 공식 승인을 받지만, 이 기관들은 식품 안전 위험보다는 환경 위험성을 검토한다.

실질적 동등성 접근법은 부분적으로는 아무 문제가 발생하지 않았고(적어도 우리가 알고 있는 문제는 아무것도 없다) 대안을 규정하기 어렵기 때문에 지속되어 왔다. 모든 일반 식품의 화학 성분은 대개 자연적으로 매우 다양해서 자연식품의 안전성을 테스트하는 표준 독성학적 방법에는 변수가 혼란스러울 정도로 많다.

식품 안전 전문가들은 일반적인 식물 육종으로 안전하지 않은 자연식품을 생산하는 방법이 많다는 것을 잘 알고 있다. 특히 토마토나 감자와 같이 강력한 독소 유전자를 가진 것으로 알려진 식품의 경우 더욱 그렇다. 그러나 미국에는 전체 식품에 대해 규제 검토를 받도록 강제하는 법이 없다. 미국에서 독성 식물을 식료품 매장에서 판매하지 못하게 하는 유일한 보호책은 제조물 책임 소송에 대한 두려움으로 강화된 식물 육종가들의 직업윤리다. 미국의 규제 접근 방식을 다른 국가와 비교할 때 종종 간과되는 중요한 안전 장치는 실제로 소송이 많은 미국 사회의 특성과, 안전하지 않은 식품을 판매하는 저명 기업을 상대로 소송을 제기할 준비된 변호사가 많다는 점이다.

미국 생명공학, 유럽으로 가다

유럽의 GMO 식품 개발은 국가별 식품 안전 시스템을 유럽 식품안전청으로 통합하는 초기 단계와 동시에 진행되었다. 각국이 자국 내에서 규제에 대한 영향력을 일부 상실하기 때문에 정치적으로 논쟁의 여지가 있었다. 예를 들어, 독일맥주순수령(Reinheits-gebot)은 사실상 독일 맥주라는 라벨이 붙은 맥주는 모두 독일에서 생산된 제품이어야 한다는 것을 보장했다. EU 차원의 식품 안전 규정으로 인해 개별 국가의 경제적 이해관계가 위협받게 되자 정치적으로 민감한 분위기가 조성되었다.

또 악명 높은 식품 안전 사고가 잇따라 발생해 식품 및 농업 산업에 대한 유럽인의 신뢰는 물론 정부가 의무적으로 실시하는 식품 안전 위험 평가의 기반이 되는 규제 과학에 대한 신뢰가 약화되었다. 영국에서 발생한 광우병이 가장 대표 사건이었으며,[4] 체르노빌 사고 이후 유럽 농경지가 방사능으로 오염되면서 유럽인들은 다른 곳에서 내려진 잘못된 과학 결정에 대해 특히 경계심을 갖게 되었다.

미국 생명공학 업계는 GMO를 유럽 농부들에게 판매하기 위해 이미 까다로운 규제 환경에 뛰어들었다. 미국 생명공학 기업들은 미국 규제 기관인 FDA, USDA, EPA 등 세 기관이 내린 안전성 평가를 유럽인들이 그대로 받아들여야 한다고 주장했다. 유럽인들은 당연히 이를 받아들이지 않았다.

동시에 유럽 과학자들도 GMO를 연구하기 시작했다. 1990년대 중반 영국의 대형 식료품 체인인 세인즈버리(Sainsbury's)와 노팅엄대학교의 협력 계약을 통해 생산된 GMO 토마토 통조림과 그라벨이 부착된 토마토가 성공적으로 시험 판매되었다. 그러나 미국 생명공학 업계가 유럽 시장 진출을 시도한다는 소식이 알려지자 활동가들은 소위 프랑켄푸드(프랑켄슈타인과 푸드를 합성한 용어로 비자연적으로 제조된 식품을 비하하는 용어—옮긴이)를 반대하는 캠페인을 시작했다. 세인즈버리의 경쟁업체들은 자사 매장 브랜드가 GMO를 사용하지 않는다고 광고하기 시작했고, 세인즈버리는 "고객들이 유전자 변형 식재료를 원하지 않는다는 의사를 분명히 밝혀왔다"며 실험을 중단했다.[5]

이 사건은 유럽 식료품상은 경쟁업체가 판매하는 식품의 안전성을 의심하는 주장을 통해 서로 경쟁하려는 반면, 미국 식료품 체인은 일반적으로 그렇지 않다는 점을 지속적으로 드러냈다. 유전자 변형 식품에 대한 주장에 FDA가 취한 공격적 접근 방식은 미국 식료품상들이 GMO 제품의 안전성을 인정하는 데 기여한 것으로 보인다. 또 건강에 이롭다고 주장하는 식품에 대한 규제를 FDA가 완화함에 따라 미국 식품 업계는 유기농 또는 GMO가 아닌 식품의 매력을 홍보해 고객을 유치하고자 했다.

조금 더 역사를 살펴보면 오늘날과 같은 첨예한 의견 분열을 초래한 다른 여러 사건을 들 수 있다. 플라브르 사브르(Flavr Savr) 토마토는 1994년 최초로 상업화된 유전자 변형 작물이다. 더 잘 익고 단단하게 오래 유지되도록 설계된 이 제품은 그러나 여러 문제로 인해 상업적으로 성공하지 못했다. 그 외에도 프로스트밴(Frostban)이라는 얼음핵생성 박테리아 사건(이 박테리아는 추위에도 작물에서 얼음이 생성되지 않도록 방지하는 역할을 하는데 제러미 리프킨 등이 환경영향평가가 불충분하다고 미국국립보건원을 고소했고, 이후 활동가들이 조직적으로 현장 시험을 방해했다–옮긴이), 스타링크 옥수수 사건(사료로만 허가된 스타링크 옥수수가 미국 식품업체 제품과 일본에서 수입한 식용 옥수수에서 발견된 사건–옮긴이), 푸스타이 사건(영국 로웨트 연구소 과학자 아르파드 푸스타이가 유전자 변형 감자가 마우스의 면역 반응을 저해하고 생장과 발달에 부정적 영향을 끼쳤다고 주장하여 논란이 된 사건–옮긴이), 미국의 식량 원조에 대한 아프리카의 거부[6] 등 수많은 마찰과 실패가 있었다.

동시에 "생명공학의 쓴 수확"에 대해 들어본 적도 없는 현대의 활동가들은 25년 전의 불만을 바탕으로 생명공학이나 유전자 변형 식품과 무관한 경제적·정치적으로 활기찬 '식품 운동'을 꾸준히 지속해 가고 있다.

폴 B. 톰슨 Paul B. Thompson

미시간 주립대학교 철학과 명예교수. 2022년까지 초대 W. K. 켈로그 농업·식품 및 지역사회 윤리 의장을 역임했다. 식품 및 농업 생명공학에 관한 톰슨의 논문은 〈동물 과학 저널〉(*Journal of Animal Science*), 〈식물 병리학〉(*Plant Pathology*), 〈자연 생명공학〉(*Nature Biotechnology*), 〈가금류 과학〉(*Paul Science*) 등에 게재되었다. 《밭에서 식탁까지: 모두를 위한 식품 윤리》(*From Field to Fork: Food Ethics for Everyone*)는 북미 사회철학회에서 "2015년 올해의 책"으로 선정되었다.

13장

제이슨 A. 델본Jason A. Delborne

유전공학으로 사라져가는
숲을 구할 수 있을까?

중국의 유전자 편집 아기나 멸종 위기에 처한 털매머드를 구하기 위한 야심 찬 프로젝트와 비교하면 생명공학 나무(biotech tree, 생명공학 기술을 이용해 유전적으로 변형된 나무–옮긴이)는 아주 평범하게 들릴 수 있다. 하지만 산림 건강의 위협에 대응하기 위해 유전자 조작 나무를 숲에 방사하는 것은 생명공학의 새로운 지평을 여는 일이다. 분자생물학 기술이 발전했음에도 불구하고, 관리되지 않는 환경에 확산되어 지속되도록 의도된 유전자 조작 식물이 방출된 적은 아직 없다. 유전자 편집이라고 하는 유전자 조작을 통한 생명공학 나무는 그 가능성을 제공한다.

한 가지 분명한 사실은 우리 숲이 여러 가지 위협에 직면했으며, 숲 생태계 건강이 점점 악화하고 있다는 것이다. 미국 산림청의 2012년 평가에 따르면, 2027년까지 전국 산림의 약 7%가 나무 식생의 4분의 1 이상을 잃을 위험에 처할 것으로 추정된다.[1] 이 추정치는 대수롭지 않게 들릴 수 있지만, 불과 6년 전의 이전 추정치보다 40%나 높은 수치다.

2018년 미국의 여러 연방 기관과 미국 임업 및 지역사회 기금(US Endowment for Forestry and Communities)은 국립 과학·공학·의학 학술원에 "산림 나무 건강에 대한 위협을 완화하기 위해 생명공학의 잠재적 사용을 검토"하기 위한 위원회 구성을 요청했고, 신흥 생명공학에 중점을 둔 사회과학자인 나를 포함한 전문가들은 "산림에 생명공학 기술을 적용할 때 발생할 수 있는 생태적·윤리적·사회적 영향을 파악하고 지식 격차를 해결하기 위한 연구 의제를 개발해 달라는 요청을 받았다."[2]

위원회 위원들은 대학, 연방 기관, 비정부기구 출신으로 분자생물학, 경제학, 산림생태학, 법학, 나무육종학, 윤리, 인구유전학, 사회학 등 다양한 분야를 대표했다. 이런 모든 관점은 산림 건강 개선을 위해 생명공학 기술을 사용할 때 발생할 여러 가지 잠재력과 과제를 고려하는 데 중요한 역할을 했다.

서울호리비단벌레는 물푸레나무를 먹어 치우고 결국에는
물푸레나무를 손상시켜 죽인다.
출처: AP Photo/Mike Groll

미국 산림의 위기

오늘날 산림은 고온과 가뭄을 더욱 자주, 해충을 더 많이 겪고 있다. 전 세계로 상품과 사람이 이동함에 따라 더 많은 곤충과 병원체가 숲에 유입된다. 우리 위원회 위원들은 산림 위협의 정도를 설명하기 위해 네 가지 사례 연구에 집중했다.

아시아에서 유입된 서울호리비단벌레(emerald ash borer)는 다섯 종의 물푸레나무를 거의 다 죽인다. 2002년 미국에서 처음 발견된

이 재선충은 2018년 5월 현재 31개 주에 퍼져 있다. 미국과 캐나다의 고지대에 서식하는 핵심종(비교적 적은 개체수가 존재하면서도 생태계에 큰 영향을 미치는 생물종–옮긴이)이자 기초종(생태계의 토대를 형성하는 데 중요한 영향을 미치는 종–옮긴이)인 화이트바크 소나무는 토착 산송충이와 유입된 균류의 공격을 받고 있다. 미국과 캐나다 북부에 있는 화이트바크 소나무의 절반 이상이 죽었다.

미루나무는 임산물 산업뿐만 아니라 강변 또는 강둑 생태계에 중요한 역할을 한다. 토착 병원균류인 셉토리아 무시바(*Septoria musiva*)가 서쪽으로 이동하기 시작해 태평양 북서부 산림의 검은 미루나무 자연 개체군과 온타리오에서 집중적으로 재배된 잡종 포플러를 공격하고 있다. 그리고 1800년대 후반 아시아에서 북미로 우연히 유입된 균류인 악명 높은 밤나무 마름병은 수십억 그루의 미국 밤나무를 전멸시켰다.

생명공학이 이 나무들을 구할 수 있을까? 그래야 할까?

복잡한 문제

해충 개체수를 억제하기 위해 곤충을 유전자 조작하는 등 산림에 생명공학 기술을 적용할 수 있는 분야는 많지만, 우리는 특히 해충과 병원체에 저항할 수 있는 생명공학 나무에 집중했다. 예를 들어, 연구자들은 유전공학을 통해 나무가 곤충이나 균류를 견디거나 퇴치하는 데 도움이 되는 유사종이나 관련 없는 종의 유전자를 삽입할 수 있다.

유전자 편집에 대한 관심과 열기로 인해 이러한 문제를 빠르고 쉽고 저렴하게 해결할 수 있을 것이라고 생각하기 쉽다. 하지만 생명공학 나무를 만들기는 쉽지 않다. 나무는 크고 수명이 길기 때문에 도입된 형질의 내구성과 안정성을 테스트하는 연구에 많은 비용이 들고 수십 년 이상 시간이 소요될 것이다. 또 초파리나 겨자식물인 애기장대와 같이 실험실에서 즐겨 사용하는 식물에 비해 나무의 복잡하고 방대한 게놈에 대해 알려진 것은 많지 않다.

그리고 나무는 시간이 지남에 따라 생존하고 변화하는 환경에 적응해야 하기 때문에 기존의 유전적 다양성을 보존하고 그것을 필히 '새로운' 나무에 통합해야 한다. 진화 과정을 통해 나무 개체군은 이미 다양한 위협에 대한 중요한 적응력을 갖추고 있다. 이런 적응력을 잃는다면 재앙이 될 수 있다. 따라서 아무리 멋진 생명공학 나무라도 궁극적으로는 장기 생존을 보장하기 위해 사려 깊고 신중한 육종 프로그램에 의존할 수밖에 없다. 이런 이유로 미국 국립 과학·공학·의학 학술원의 위원회는 생명공학 연구뿐만 아니라 나무 육종, 산림생태학, 집단유전학에 대한 투자를 늘리라고 권고했다.

감독 과제

위원회는 생명공학 제품에 대한 연방 감독을 환경보호청(EPA),

미국 농무부(USDA), 식품의약국(FDA)에 분산하는 미국 생명공학 규제 조정 프레임워크가 산림 건강 개선을 위한 생명공학 나무의 도입을 고려할 준비가 충분히 되어 있지 않다는 사실을 발견했다.

승인을 가로막는 한 가지 걸림돌은 규제 당국이 유전물질 유출을 방지하기 위해 생명공학 현장 시험 중 꽃가루와 씨앗을 봉쇄하도록 항상 요구해 왔다는 것이다. 예를 들어, 생명공학 밤나무는 현장 시험 중 형질전환 꽃가루가 날리지 않도록 개화가 허용되지 않았다.[3] 그러나 생명공학 나무가 씨앗과 꽃가루를 통해 새로운 형질을 퍼뜨려 숲 전체에 해충 저항성을 도입하려면 야생 번식에 대한 연구가 필요할 것이다. 이런 연구는 생명공학 나무에 대한 규제가 완전히 완화될 때까지는 거의 허용되지 않을 것이다.

현재 프레임워크의 또 다른 단점은 일부 생명공학 나무는 특별한 검토가 전혀 필요하지 않을 수 있다는 것이다. 예를 들어, USDA는 목재 밀도를 높이기 위해 유전자 조작을 한 로볼리 소나무를 검토해 달라는 요청을 받았다. 그러나 USDA의 규제 권한은 식물 해충 위험에 대한 감독에서 비롯되기 때문에 해당 생명공학 나무에 대한 규제 권한이 없다고 결정했다. 크리스퍼와 같은 새로운 도구를 사용해 유전자를 편집하는 생물체에 대해서도 비슷한 의문이 제기된다.

위원회는 미국의 규정이 산림 건강을 종합적으로 고려하지 못한다고 지적했다. 국가 환경 정책법이 때때로 도움이 되기는 하지만, 일부 위험과 많은 잠재적 이익에 대한 평가가 이루어지지 않을 가능성이 높다. 생명공학 나무뿐만 아니라 나무 육종, 살충제, 부지 관리 관행 등 해충과 병원체에 대응하기 위한 다른 도구도 마찬가지다.

숲의 가치는 어떻게 측정할까?

미국 국립 과학·공학·의학 학술원 보고서는 나무와 숲이 인간에게 제공하는 다양한 가치를 고려하는 '생태계 서비스' 틀을 제안한다. 이런 방식은 임산물 채취부터 휴양을 위한 숲 이용, 숲이 제공하는 생태 서비스(주로 수질 정화, 종 보호, 탄소 저장)에 이르기까지 다양하다.

위원회는 또 숲의 가치를 평가하는 일부 방식이 생태계 서비스 틀에 맞지 않는다는 점을 인정했다. 예를 들어, 일부 사람들이 숲이 내재적 가치를 가졌다고 여긴다면, 인간이 숲을 평가하는 방식과 아마도 숲을 보호하고 존중해야 한다는 일종의 도덕적 의무와는 별개로 숲은 그 자체로 가치를 가지고 있다. '야생성'과 '자연성'에 대한 쟁점도 등장했다.

야생성 vs. 자연성

역설적이게도 생명공학 나무는 관점에 따라 야생성을 증가시키거나 감소시킬 수 있다. 야생성이 인간의 개입을 배제해야 하는 것이라면 생명공학 나무는 숲의 야생성을 감소시킬 것이다. 그러나 생명공학 나무의 도입으로 인해 야생에서 중요한 수종의 멸종을 막는다면 어떨까? 이런 질문에는 정답이나 오답이 없지만, 자연을 개선하기 위해 기술을 사용하는 결정의 복잡성을 상기시킨다.

이런 복잡성은 미국 국립 과학·공학·의학 학술원 보고서의 핵심 권고 사항인 전문가와 이해관계자 및 지역사회가 산림의 가치를 평가하고, 생명공학의 위험과 잠재적 이익을 평가하며, 생명공학 기술을 포함한 모든 잠재적 개입에 대한 대중의 복잡한 반응을 이해하는 데 있어 중요한 역할을 한다. 이러한 대화 프로세스는 서로 존중하고 신중하며 투명하고 포용적이어야 한다. 2018년 생명공학 밤나무에 관한 이해관계자 워크숍[4] 같은 프로세스는 갈등을 없애거나 합의를 보장하지는 않지만, 전문 지식과 공공 가치를 바탕으로 민주적 결정을 내리는 데 도움을 줄 수 있다.

제이슨 A. 델본 Jason A. Delborne

노스캐롤라이나 주립대학교 과학, 정책 및 사회(산림 및 환경 자원학과) 교수이자 과학, 기술 및 사회 프로그램 책임자이며 유전공학 및 사회 센터(NC 주립대) 창립 위원이다. 델본은 새로운 환경 생명공학 기술을 둘러싼 대중 및 이해관계자 참여에 관한 연구를 수행한다. 또 미국 국립 과학·공학·의학 학술원의 두 전문위원회(유전자 드라이브 및 산림 생명공학), 국제자연보전연맹의 합성생물학 및 생물다양성 보존 태스크포스, 산림관리협의회 유전공학 전문위원회에서 활동했다.

14장

마리아나 라마스 **Mariana Lamas**

식물성 고기의
맛과 모양 개량하기

2019년 버거킹 스웨덴은 식물성 버거인 레블 와퍼(Rebel Whop-per)를 출시했고, 시장 반응은 압도적이었다. 그래서 이 회사는 고객에게 그 차이를 맛보게 했다.

버거킹 스웨덴은 고객이 고기 버거와 식물성 버거 중 하나를 선택할 확률이 50대 50이 되도록 메뉴 항목을 만들었고, 고객이 어떤 버거를 먹었는지 알아보기 위해 버거킹 앱으로 버거 박스를 스캔했다. 버거를 맛본 고객의 44%가 오답을 제시했다. 고객들은 맛의 차이를 구분하지 못했다.

식물성 고기는 고기를 본떠 설계한 제품이다. 두부나 세이탄 (seitan, 밀에 존재하는 글루텐을 이용해서 만든 식물성 고기-옮긴이)과 같은 초기 제품은 고기를 대체하기 위한 것이었지만, 최근에는 고기의 맛과 질감, 냄새, 모양을 최대한 모방하기 위해 노력한다. 식물성 버거, 다진 고기, 소시지, 너겟, 해산물은 이제 식료품점과 레스토랑 메뉴에서 쉽게 찾아볼 수 있다. 이런 제품들의 목표는 육류에 대한 우리의 생각을 바꾸는 것이다.

물론 만족스러울 정도로 모방하는 것은 쉬운 일이 아니다. 비욘드미트(Beyond Meat, 2009년 로스앤젤레스에서 설립된 식물성 대체 육류 생산업체)가 비욘드 버거를 개발하는 데에는 6년 이상이 걸렸다. 그리고 2015년 출시 이후 세 번의 개량 과정을 거쳤다. 완벽한 식물성 고기를 만들기 위한 과학은 시행착오로 점철되어 있으며 보통 여러 분야의 팀이 참여한다.

마이야르 반응

식품과학자들이 그럴듯한 식물성 고기를 개발할 때 직면하는 세 가지 주요 과제는 외관, 식감, 풍미다. 이 세 가지가 고기의 특징과 본질을 결정한다. 고기가 익으면 식감이 변한다. 팬이나 그릴 온도는 단백질 구조에 영향을 미친다.[1] 단백질이 분해, 응고, 수축하기 시작하면서 고기는 부드러워지고 모양이 유지된다. 마이야르(Millard) 반응으로 알려진 이 반응은 특유의 '고기' 향과 고소한 풍미를 내는 원인이다. 식품 연구 개발팀이 이 반응을 이해하면 식물성 육류 제품에서 이 반응을 재현하는 데 도움이 된다.

재료는 모양, 식감, 풍미에도 영향을 미친다. 콩·밀·완두콩·누에콩 단백질은 물론 전분, 밀가루, 하이드로콜로이드(증점제, 안정제, 유화제 또는 수분 보유 및 젤 형성제로 사용되는 비소화성 탄수화물), 오일은 식물성 고기를 동물성 고기와 어느 정도 유사하게 만들 수 있다.

마지막으로 가공 방법은 제품의 최종 특성에 영향을 미친다. '고수분 압출' 및 '전단 세포' 기술은 식물성 단백질을 고기의 모양과 질감에 가까운 층상 섬유질 구조로 변형하는 데 사용되는 가장 일반적인 두 가지 공정이다. 고수분 압출은 가장 많이 사용되는 기술로 고기와 같은 식감을 제공하고,[2] 전단 세포 가공은 에너지 효율이 높고 탄소 발자국이 더 적다.[3]

색감과 식감

식품과학자들은 이제 조리 전, 조리 중, 조리 후 육류의 색상을 시뮬레이션할 수 있다. 비트 추출물, 석류 분말, 대두 레그헤모글로빈을 사용해 신선하거나 익지 않은 소고기의 붉은 색을 모방할 수 있다. 그러나 식물에는 근육 조직이 없기 때문에 식물성 재료로 동물성 단백질의 식감을 모방하기는 어렵다. 근육은 탄력 있고 유연한 반면 식물세포는 딱딱하고 구부러지지 않는다. 식물에는 육류의 씹는 맛과 쫄깃함이 없기 때문에 식물성 패티는 종종 부서지고 퍽퍽한 느낌을 줄 수 있다.

모든 식물성 고기의 핵심 성분은 식물성 단백질이다. 식물성 단백질은 구조의 기본 요소일 뿐만 아니라[4] 제품의 정체성과 차별화에도 중요하다. 대개 한 가지 유형의 단백질 또는 여러 유형의 단백질을 혼합해 만든다. 가장 일반적인 육류 모방 단백질인 대두 단백질은 여전히 고기와 가장 유사한 맛과 식감을 제공하는 식물성 단백질이다. 수십 년 동안 사용되었기 때문에 많은 연구가 이루어졌고 식감도 많이 개선되었다.

비욘드미트의 완두콩 단백질은 완벽한 아미노산 조성이라 식물성 단백질 시장에서 가장 빠르게 시장이 확산한 인기 단백질이다. 우리 식단에 필수인 아홉 가지 아미노산이 있는데, 동물성 식품에는 이 아홉 가지 아미노산이 모두 포함되어 있다. 그래서 동물성 식품은 완전한 단백질로 간주된다. 이에 비해 대부분의 식물성 식품은 불완전 단백질로 특정 아미노산이 빠져 있지만 완두콩 단백질은 아홉 가지 아미노산을 모두 함유하고 있다. 완두콩 단백질에는 알레르기 유발 물질도 없다. 식품과학자들은 쌀, 누에콩, 병아리콩, 렌틸콩, 녹두 단백질에도 많은 관심을 두고 있으며, 앞으로 이러한 식물을 활용한 제품이 더 많이 출시될 것으로 예상된다.

풍미 만들기

기업은 향료 성분을 공개할 의무가 없어서 그것이 천연인지

인공인지 여부만 밝히면 된다. 그래서 식물성 버거에서 고기와 같은 풍미를 주는 성분이 무엇인지 정확히 알기는 어렵다.

지방은 풍미와 식감을 좌우하는 주요 요소다. 지방은 우리 입 안을 감싸는 풍부함과 육즙을 제공하고 풍미를 방출하는 역할을 한다. 지방은 맛, 향, 보상 메커니즘을 처리하는 뇌의 특정 영역을 활성화한다. 동물성 지방을 대체하기 위한 업계 표준방식은 코코넛오일을 사용하는 것이었다. 그러나 코코넛오일은 동물성 지방보다 훨씬 낮은 온도에서 녹는다. 그래서 입에 넣으면 처음에는 진하고 육즙이 풍부하지만 금방 사라진다.

일부 식물성 육류는 카놀라와 해바라기 오일과 같은 식물성 오일을 혼합하여 녹는 온도를 높여 육즙을 오래 유지하도록 한다. 이 문제를 해결하기 위해 해바라기유와 물 현탁액, 배양 동물성 지방(실험실에서 배양한 지방 세포)을 사용하는 새로운 동물성 지방 대체재가 개발되고 있다. 하지만 이 모든 것이 채식주의자나 비건 식단에 적합한 것은 아니다.

식물성 육류 배합물은 서류상으로는 권장 성분을 함유하고 있고 육류에 걸맞은 영양 목표에 도달할 수 있지만, 맛이 좋지 않거나 식감이나 씹는 맛이 적절하지 않을 수 있다. 예를 들어 감자 단백질은 식감은 좋지만 맛이 쓰다. 식품과학자들은 단백질 함량, 식감, 풍미 사이의 균형을 찾아야 한다.

배합 식품의 미래

식품과학자들은 식물성 육류의 잠재력을 이제 겨우 개발하기 시작했다. 연구하고 개선할 부분이 아직 많다. 현재 상업적으로 이용 가능한 식물 단백질 원료는 식품 공급에 사용되는 약 1,505종의 식물 단백질 중 2%에서 추출한 것뿐이다.[5]

식물 단백질 분리물과 궁극적으로 식물성 육류의 개발과 개선을 지원하기 위해 육종 또는 공학기술을 통해 단백질 함량을 높이기 위한 작물 최적화를 모색하는 연구가 진행 중이다. 가공 기술은 여전히 개발 중이며, 3D 프린팅 및 배양육과 같은 새로운 기술이 도입되어 개선되고 있다. 식물성 육류 제품이 점점 더 늘어나고 스테이크와 같은 통살 부위도 곧 시판될 것으로 예상된다.

마리아나 라마스 Mariana Lamas

노던앨버타 공과대학교(NAIT) 요리 혁신 센터 연구원. 라마스는 이 센터에서 주로 새로운 식품을 개발하고 프로젝트에 대한 기획 전문 지식을 관리 및 제공한다. 그녀는 특히 식물성 식품과 새로운 기술과 혁신이 식품에 대한 인식과 식습관을 어떻게 변화시키고 있는지에 관심이 많다. NAIT에서 요리 예술 학위를 받고 지난 6년 동안 식품 연구에 종사했다. 그 전에는 박물관학 학사 및 석사 학위를 받고 박물관 문화유산 분야에서 일했다.

15장

제이슨 라스곤Jason Rasgon

질병 전파를 억제하는
유전자 변형 모기

모기는 지구상에서 가장 치명적인 생명체 중 하나다. 모기는 바이러스, 박테리아, 기생충을 옮기며, 매년 모기에 물려 매년 약 7억 명이 감염되고 100만 명 이상 사망한다.

해외여행, 이주, 기후 변화로 인해 이러한 감염병은 더 이상 열대 및 아열대 개발도상국에만 국한되지 않는다. 웨스트나일 바이러스(West Nile Virus)와 지카 바이러스(Zika Virus) 같은 병원체는 미국과 그 영토에서 상당히 심각하게 발병했으며, 새로운 공격적 병원체가 계속 발견되고 있어 앞으로 점점 더 영역을 넓힐 가능성이 크다. 현재 이러한 질병을 통제하는 방법은 대부분 광범위한 살충제 스프레이밖에 없는데, 이는 인간과 비표적 동물 및 곤충 모두에게 해를 끼칠 수 있다. 광범위한 살충제 사용으로 인한 환경 문제 없이 이런 치명적 질병을 통제할 방법이 있다면 어떨까?

모기를 유전자 변형하여 질병을 예방한다는 계획은 공상과학 소설에 가까운 것 같지만, 최근 몇 년 사이에 이 기술은 더 이상 심야 영화에나 나올 법한 시나리오가 아닐 정도로 발전했다. 사실 과학자들은 이미 1940년대부터 질병을 통제하기 위한 곤충 개체군 변형에 대해 이야기했다.[1] 오늘날 대학 실험실에서 수십 년간 연구를 통해 개발된 유전자 변형(GM) 모기는 미국을 비롯한 전 세계 여러 지역에서 뎅기열, 지카 바이러스 등 모기 매개 병원체를 퇴치하는 데 사용되고 있다. 가장 치명적인 모기 매개 질병인 말라리아 퇴치를 위해 GM 모기를 사용하기 위한 연구도 진행 중이지만, 아직 말라리아 방제를 위한 현장 방사는 이루어지지 않았다.

나는 거의 25년 동안 실험실 도구로 사용하기 위해, 그리고 질병 퇴치를 위해 GM 모기를 연구했다. 그 기간에 나는 이 기술이 실험실의 이론 수준에서 현장 적용으로 개발되는 과정을 직접 목도했다. 비효율적이고 무작위적이며 느렸던 기존 기술이 모기 게놈을 효율적이고 신속하며 정밀하게 편집할 수 있는 크리스퍼 같은 새로운 방법, 모기 배아에 물질을 주입할 필요가 없어져 변형 모기를 훨씬 쉽게 생성할 수 있는 ReMOT 컨트롤과 같은 새로운 방법을 위한 기반이 다져지는 것을 보았다. 이러한 새로운 기술 덕분에 GM 모기를 통한 질병 통제는 '만약'의 문제가 아니라 '어디

인도네시아 자카르타의 어느 지역에서 한 작업자가 뎅기열을 통제하기 위해
모기 예방 분무기를 작동하고 있다. 인도네시아의 인구 밀도가 높은 지역은 열악한
보건 서비스와 비위생적인 생활 환경으로 인해 특히 매년 우기에
모기 매개 질병이 심각하게 발생한다.

출처: AP Photo/Achmad Ibrahim

서' '언제' 이루어질지의 문제다.

이러한 유전적 변화는 모기에게만 영향을 미치며 모기에 물린
사람에게 전염되지 않으니 걱정할 필요는 없다.

유전자 변형 모기를 사용하는 방법

현재 유전자 변형 모기로 모기 매개 질병을 통제하는 방법은

두 가지다. 첫 번째는 생물학적으로 병원체를 옮기는 모기 개체군을 병원체를 옮길 수 없는 모기 개체군으로 대체하는 개체군 교체 방식이다. 이 접근법은 일반적으로 항병원체 유전자를 퍼뜨리기 위해 유전자 드라이브라는 개념에 의존한다. 유전자 드라이브에서 (유전자 또는 유전자 그룹의) 유전적 특성은 모기 자손의 절반 이상에게 전파되어 개체군에서 해당 특성의 빈도를 높이는 유전의 특이한 성격에 의존한다. 두 번째 방법은 개체 수 억제다. 이 전략은 모기 개체 수를 줄여서 병원체를 옮기는 모기의 수를 줄이는 것이다.

모기의 유전자 드라이브 개념을 처음 생각한 것은 수십 년 전이지만, 유전자 편집 기술인 크리스퍼를 통해 마침내 실험실에서 쉽게 조작할 수 있게 되었다. 그러나 크리스퍼 기반 유전자 드라이브는 아직 자연에 적용되지 않고 있다. 확고한 국제 규제 틀이 없는 신기술일 뿐만 아니라 유전자 확산을 막을 수 있는 모기 개체군의 내성 진화와 관련된 문제 때문이기도 하다.

당장 눈에 띄지 않을 수도 있지만, 유전자 드라이브의 유전자가 꼭 유전자일 필요는 없으며 미생물일 수도 있다. 모든 생물체는 자신의 게놈뿐만 아니라 관련된 모든 미생물의 게놈, 즉 홀로게놈을 함께 가지고 존재한다. 유전에 의해 개체군을 통해 미생물 게놈이 확산되는 것도 유전자 이동으로 생각할 수 있다. 이 정의에 따르면, 질병 통제를 위해 모기 개체군에 최초로 도입된 유전자 드라이브는 월바키아(Wolbachia)로 알려진 박테리아 공생체다. 이 박테리아는 알려진 모든 곤충 종의 최대 70%를 감염시키며, 곤충의 번식에 편승해 개체군을 통해 자신을 퍼뜨린다.

따라서 약 1,500개 유전자로 구성된 게놈을 가진 월바키아 자체가 개체군으로 퍼지는 유전적 특성으로 작용한다. 월바키아를 이전에 감염되지 않은 모기에 이식하면 여러 바이러스(뎅기열 및 지카 바이러스 포함) 및 말라리아 기생충과 같이 인간에게 질병을 일으킬 수 있는 병원체 감염에 대한 모기의 저항력을 강화한다.

질병과 싸우는 박테리아

지난 10년 동안 연구자들은 초파리에 존재하는 월바키아를 뎅기열 바이러스를 전파하는 모기에 이식했다. 이렇게 변형된 곤충은 뎅기열을 퇴치하기 위해 12개 국가에 방출되었다. '비GM 전략'으로 판매되고 있지만, 1,500개 이상의 유전자(전체 박테리아 게놈)가 원래 초파리 숙주에서 모기로 옮겨졌기 때문에 월바키아를 인위적으로 모기에 감염시키는 것은 GM 방식에 포함되는 것이 분명하다.

호주에서 이러한 방사를 통해 뎅기열을 억제한 예비 결과는 희망적이었으며, 이어서 인도네시아에서 이 기술에 대한 무작위 대조 시험을 한 결과, 방사 지역에서는 대조 지역에 비해 뎅기열 바이러스 발생률이 77% 감소한 것으로 나타났다.[2] 그러나 남미와 아시아 등 질병 위험이 높은 다른 방류 지역에서도 유사한 억제 효과가 나타날지는 확인해야 한다. 특히 일부 연구에서는 월바키아

가 모기의 병원체 감염을 억제하기보다는 오히려 증가시킬 수 있다는 사실이 드러나기도 했다.[3]

모기를 없애는 GM 모기

현재 모기 개체 수를 억제하는 가장 좋은 예는 GM 불임 모기를 방류하는 것이다. 이는 수십 년 된 불임 곤충 기술을 현대적으로 변형한 것으로, 불임 수컷 곤충을 자연에 방사해 야생 암컷과 교미하게 함으로써 모기 개체 수를 줄이는 것이다. 그러나 방사선이나 화학물질로 모기를 조잡하게 불임시키는 대신 이제는 영리한 유전공학을 사용해 모기를 불임시킨다. 옥시텍(Oxitec)이라는 회사는 암컷에게는 치명적이지만 수컷에게는 치명적이지 않은 유전자를 가진 모기를 개발했는데, 이 모기는 물거나 질병을 전파하지 않는다. 이 형질 전환 수컷 모기 수천 마리를 자연에 방사해 야생 암컷과 짝짓기를 하게 한다. 이 짝짓기의 자손에게 유전자 변형이 유전되어, 암컷 자손은 죽고 유전자를 가진 수컷 자손은 살아남아 다음 세대에 그 형질을 계속 전달한다. 암컷이 점점 줄어들면 모기 개체수가 급격히 억제된다. 옥시텍은 그랑케이먼, 말레이시아, 브라질, 플로리다에서 모기 방제를 실시했다.

그런데 플로리다에서 이러한 불임 모기 방사에 대한 반대 움직임이 있었다. 2016년 플로리다키스제도에서 실시된 옥시텍의 실험은 현지의 저항에 부딪혔다. 그러나 유전자 드라이브 전략과 달리 불임 모기 방사는 GM 여부와 관계없이 모든 질병 통제 전략 중 환경에 미치는 영향이 가장 적고 안전성이 가장 높다. 광범위한 살충제 스프레이보다 확실히 더 안전하다. 이 방법은 표적성이 높아서 효과가 있을 경우 표적 모기 종(이 경우 플로리다에서 매우 침습적이고 토착화되지 않은 모기인 이집트숲모기)만 제거할 수 있다. 옥시텍은 2021년 플로리다에서 불임 모기를 처음으로 현장에 방사했다.[4]

모기 개체 수 억제를 위해 유전자 드라이브 외에도 월바키아 박테리아가 사용되었다. 박테리아에 감염된 수컷을 감염되지 않았거나 다른 월바키아 균주에 감염된 모기 집단에 방사해 '불염성'(여러 가지 원인으로 자손을 낳지 못하는 성질–옮긴이) 또는 불임 상태의 짝짓기를 유도한다. 이 전략은 오랜 역사를 가졌다. 사람들이 월바키아로 인해 특정 모기 개체군이 서로 교미할 때 불임이 된다는 사실을 알기도 전인 1960년대에 모기 개체 수를 억제하는 데 처음 사용되었다. 현재 호주와 미국 캘리포니아와 플로리다 등 여러 국가에서 뎅기열 바이러스 방제를 위해 월바키아로 불임 처리된 수컷 모기를 방사한다.[5]

점점 더 상호 연결되는 세계와 전 지구적 기후 변화 문제가 더해지면서 병원체는 개발도상국에 국한되지 않고 미국에서도 더욱 큰 문제가 될 것이다. 모기가 살충제 내성을 확실하게 진화시키는 상황에서 유전자 변형 기술은 유해한 살충제 사용으로 환경이나 건강에 해를 끼치지 않고 전 세계적으로 모기가 매개하는 질병을 줄일 수 있는 잠재력을 가졌다.

여전히 공상과학 소설처럼 들리더라도 두려워할 필요는 없다.

당신의 생명을 구할 수도 있으니 말이다.

제이슨 라스곤 Jason Rasgon

캘리포니아대학교 데이비스 캠퍼스에서 곤충학 박사 학위를 받았으며, 모기 개체군에서 월바키아 공생충의 개체군 역학을 연구했다. 그 후 노스캐롤라이나 주립대학교에서 트랜스포손 개체군 생물학에 대한 박사후 연구를 수행했다. 현재 펜실베이니아 주립대학교 곤충학과, 허크 생명과학 연구소, 감염병 역학 센터 교수이자 도로시 포어 허크(Dorothy Foehr Huck) 및 J. 로이드 허크(Lloyd Huck) 기부 질병 역학 및 생명공학 의장을 맡고 있다. 그 전에는 존스 홉킨스 블룸버그 공중보건대학원에서 조교를 거쳐 부교수로 재직했다. 라스곤 박사의 연구 관심 분야는 매개체 매개 질병, 신종 및 침습성 병원체, 분자생물학 도구 개발을 제어하기 위한 유전적 전략이다.

16장

비크라마디티야 G. 야다브 Vikarmaditya G. Yadav

조작 박테리아로 오일샌드 오염과 광산 폐기물 정화하기

산업화로 인해 지구는 전례 없는 속도로 온난화되고 있다. 빙하가 녹아내리고 해수면이 상승한다. 가뭄은 더 오래 지속되고 더 치명적이다. 산불도 심해지고 있다. 5등급 허리케인과 같이 한 세대에 한 번 있을 법한 극단적 기상 현상이 매년 발생한다. 환경은 실제로 심각하게 위험해지고 있으며 긴급한 조치가 절실히 필요한 상황이다. 그러나 가장 큰 환경 문제에 대한 해결책이 머지않아 실현될 수 있다는 낙관론도 등장하고 있다.

예를 들어, 원유가 세계에서 세 번째로 많이 매장되어 있는 캐나다의 오일샌드(oil sand, 중질 원유가 10% 이상 함유된 점토나 모래-옮긴이) 광구 문제는 수십 년 동안 지속되어 왔다. 이 오일을 회수하는 과정에서 부피의 거의 3배에 달하는 물이 소비되고 물, 고형물, 유기 오염 물질이 섞인 찌꺼기가 폐기물로 남는다. 오일샌드 산업은 이제 70년째에 접어들었으며, 현재 1조 리터 이상의 폐수가 침전지에 남았다.

하지만 최근 수십 년 동안 엔지니어, 과학자, 활동가, 기업가 집단이 빠르게 성장하면서 물리, 생물, 디지털 과학의 경계를 허물어 환경 개선 분야에서 가장 큰 성과를 거두고 있다. 우리는 스스로를 합성생물학자라고 부른다. 나는 오일샌드 침전지의 오염을 제거하기 위해 최초의 저에너지, 저비용, 지속 가능한 솔루션을 상용화한 환경 생명공학 벤처 메타볼릭 테크놀로지스(Metabolik Technologies) 창립자로서 합성생물학(생물학의 공학, 즉 분자생물학을 사용해 새롭거나 개선된 세포 산물 또는 프로세스를 엔지니어링하는 기술-옮긴이)의 연구, 교육, 상용화 및 규제에 광범위하게 기여해 왔다.

합성생물학 속성 이해

자연은 상상할 수 있는 가장 깨끗하고 효율적인 방식으로 분자를 조립, 분해, 재활용한다는 합성생물학의 기본 전제는 멋지면서도 단순하다. 이런 작업을 수행하는 데 필요한 고유한 지침은

DNA에서 찾을 수 있다. 합성생물학자들은 자연 시스템을 조사해 그 놀라운 과정을 이해한 다음 실험실에서 합성한 DNA를 사용해 새로운 작업이나 기존 작업을 더 효율적으로 수행할 수 있도록 재프로그래밍한다.

합성생물학은 효소, 세포 및 세포 집단을 개선해 토양과 물에 들어 있는 탄화수소인 퍼플루오로알킬(perfluoroalkyl) 및 폴리플루오로알킬(polyfluoroalkyl)과 같은 기타 '난분해성 화학물질'을 감지하고,[1] 분해하고,[2] 이산화탄소와 메탄을 격리하는[3] 등 다양한 응용 분야에 사용된다.

한때 허구였지만 이제는 실제 해결책

합성생물학의 많은 주역이자 영향력 있는 사람들은 토요일 아침 만화를 꾸준히 보고 자란 밀레니얼 세대와 줌머 세대(MZ세대)라는 점이 중요하다. 1990년에 방영된 환경 슈퍼히어로 애니메이션 시리즈 〈출동! 지구특공대〉(Captain Planet and the Planeteers)에는 기름 유출 사고를 수습하는 유전자 조작 박테리아가 등장했다. 20년 전만 해도 이런 개념은 공상과학 소설에나 나올 법한 이야기였지만, 지금은 크리스퍼 게놈 편집과 같은 분자생물학의 발전과 하루에 수천 번의 실험을 수행하는 로봇 시스템인 완전 자동 게놈 파운드리(합성생물학에 로봇-AI를 도입해 새로운 바이오 시스템 제작을 위한 각 단계를 자동화 및 고속처리하는 시스템-옮긴이)의 등장으로 설계-제작-테스트-학

습 주기가 가속화되면서 현실이 되었다.[4]

결정적으로 환경 개선 분야에서 합성생물학은 연구실에서 일회성으로 성공을 거둔 것이 아니라 상당한 규모로 현장에서 입증되었으며, 세계에서 가장 큰 환경 문제 중 일부를 해결했다.

혁신을 현장에 적용하기

침전지에는 수생 생물과 인체에 해로운 나프텐산 분획 화합물 및 다족 탄화수소 같은 유기 화합물이 포함되어 있으며,[5] 물에서 제거하기가 매우 어렵다고 악명이 높다.[6] 또 물에는 미생물이 가득하다. 이런 미생물은 오염된 물에서 단순히 생존하는 것이 아니라 번성한다. 미생물은 매우 느리지만 물속 독성 화합물을 감지하고 섭취하며 대사한다.

브리티시컬럼비아대학교의 우리 그룹과 알론니아(Allonnia)의 동료들은 이 독특한 생물을 분리해 유전체학을 연구했으며, 깅코바이오웍스(Ginkgo Bioworks)와 협력해 독성 화합물에 대한 섭취와 대사를 증가시키는 연구를 수행했다. 현장에서 미생물의 성능을 검증한 후 UBC-알론니아 팀은 앨버타주의 침전지 관리 규정에 정해진 일정 내에서 오염된 물을 정화하는 데 필요한 속도와 규모에 도달하기 위해 최대 규모의 처리 시스템을 설계했다.[7]

미생물과 반응기를 미세 조정하고 위험을 평가하기 위해 침전지의 복잡성을 모방한 데모 시스템에서 처리 시스템을 테스트했다. 이러한 위험에는 기술의 비효율성 또는 예상보다 높은 비용, 미생물이 생태계에 미칠 수 있는 잠재적 피해, 환경에 조작 미생물을 방출하는 것에 대한 규제 기관과 주주의 저항 등이 있다.

합성생물학자들로 구성된 이 소규모 팀은 접근 방식의 독창성과 새로운 협업 모델 덕분에 성공을 거둘 수 있었다. 이 팀에는 오일샌드 운영업체, 엔지니어링 설계 회사, 계약 체결 회사, 규제 전문가도 참여해 각 파트너의 강점을 활용하여 실용적 해결책을 개발하는 데 소요되는 시간과 비용, 불확실성을 줄일 수 있었다.

흥미로운 시작

합성생물학자들은 이제 막 시작 단계에 접어들었으며, 비슷한 규모의 여러 문제에 주목하고 있다. 특히 그중에서 전기의 미래에 중대한 영향을 미치는 문제가 하나 있다.

전기 자동차가 널리 보급되면 운송 부문에서 발생하는 탄소 배출량을 50% 가까이 줄일 수 있다. 하지만 안타깝게도 전기 자동차에 사용되는 금속을 채굴하는 과정에서 환경이 훼손된다. 전기 자동차 한 대를 제조할 때마다 25만 킬로그램의 채광 폐기물과 15만 리터의 산성 암반 배수라는 독성이 강한 액체가 방출되는데, 이는 수생 서식지에 파괴적 영향을 미칠 수 있기 때문에 환경에 큰 위협이 된다.

광업은 소모적이고 지속 불가능한 산업으로, 업계는 대량 폐기물을 처리할 효과적 해결책을 절실히 필요로 하고 있다. 내가 설립한 스타트업 회사 테르사 어스(Tersa Earth)는 미생물을 이용해 침전지를 완전히 없애는 해결책을 개발하고 있다. 우리와 같은 다른 기업들이 성공한다면 폐기물 제거, 탈탄소, 생물 다양성 보존, 고용 창출, 공평한 사회 발전에 기여할 수 있을 것이다.

비크라마디티야 G. 야다브 Vikarmaditya G. Yadav

브리티시컬럼비아대학교 부교수로 캐나다 최고의 지속 가능한 공정 공학 프로그램을 이끌고 있다. 야다브는 합성생물학 및 환경 생명공학 연구, 교육, 상업화 및 규제에 주목할 만한 공헌을 했다. 또 빌 게이츠가 투자한 알론니아가 인수한 메타볼릭 테크놀로지스를 설립했으며, 현재 채굴 생명공학 회사인 테르사 어스의 최고 경영자로 재직하고 있다. 탄소중립 솔루션을 위한 벤처 촉매제이자 자본 펀드인 리액트 제로 카본의 최고 기술 책임자이기도 하다. 2021년 캐나다의 40세 이하 탑 40인 중 한 명으로 선정되었다.

3부

의료와 건강의
위력적 도구

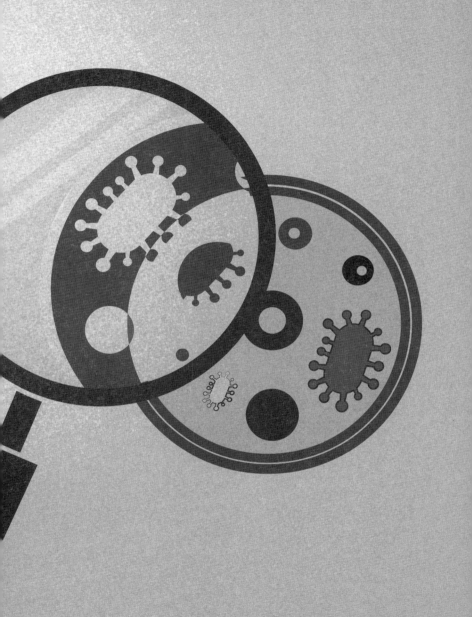

생명공학에서 가장 빠르게 성장하고 가장 눈에 띄는 혁신 분야 중 하나는 의학이다. 새로운 기술로 인해 치료의 새로운 가능성이 나날이 열리고 있다. 배양 접시에서 인간 오가노이드를 키우고, 3D 프린팅으로 신경 손상을 치료하고, 장수 유전자를 찾는 것은 더 이상 공상 과학 소설의 소재가 아니라 실험실의 정상적 연구 활동이다. 더 나아가 바이오테크 스타트업으로 발전하고 있는 실정이다. 마우스는 과학 연구에서 일반적으로 사용되는 모델 시스템이지만, 마우스에서 효과가 있다고 사람에서도 동일하게 작용한다는 의미는 아니다. 일부 실험실에서는 인간 줄기세포 연구와 사람에게 이식할 수 있는 장기 성장(이종 이식)을 위한 보다 현실적인 모델 시스템으로 인간화된(인간 조직이 혼합 생장하는–옮긴이) 돼지를 만들기도 한다. 생명공학 산업은 기업 및 대학 연구실에서 수십 년에 걸친 연구를 바탕으로 인류의 건강을 개선하기 위해 최신 생명공학 기술을 개발하고 활용한다.

3부의 각 장에서는 의학 분야에서 가장 시급한 문제를 해결할 수 있는 오늘날 생명공학 기술의 잠재력에 대해 논의하고, 생명과학의 미래 방향을 제시하는 선구적 실험에 대해 설명한다. 여러 장에 걸쳐 각 기고자들은 크리스퍼의 장단점을 언급하고, 인간 환자의 치료 결과를 개선한다는 장기 목표를 위해 모델 생물체가 어떻게 사용되는지를 설명한다. 임상시험(안전성 및 유효성 테스트)을 거쳐 실제 임상에 적용되기 위해서는 상당한 재정 투자가 필요하다.

과거 사례에 비추어볼 때, 여기서 논의된 많은 진전들이 모두 임상에 적용되지는 못할 것이라고 예측하는 편이 안전하다. 생명공학 기술의 투자자들은 당연히 투자금을 회수하려고 하기 때문에 소수 환자에게 영향을 미치는 새로운 질병 치료법의 가격이 엄청나게 비싸질 수 있다. 시장이 작다면 유사한 치료법이 병원에 도입되지 못할 수도 있다. 3부에서 제기된 윤리적 문제는 4부에서 더 자세히 살펴볼 것이다.

17장

케빈 독젠 Kevin Doxzen

값이 매우 비싼
새로운 유전자 치료법

　신경세포를 손상시키고 근육을 쇠약하게 만드는 희귀 유전 질환인 척수성 근위축증을 치료하는 졸겐스마(Zolgensma)는 현재 세계에서 가장 비싼 의약품이다. 어린아이의 생명을 구하는 이 의약품의 1회 치료비용은 210만 달러에 달한다. 졸겐스마처럼 엄청난 가격의 의약품은 현재로서는 드물지만, 10년 후에는 1회 투여에 수십만에서 수백만 달러가 드는 세포 및 유전자 치료제가 수십 종에 달할 것이다. 미국 식품의약국(FDA)은 2025년까지 매년 10-20개의 세포 및 유전자 치료제를 승인할 것으로 예측한다.

나는 생명공학 및 정책 전문가로서 세포 및 유전자 치료제에 대한 접근성을 개선하는 데 주력한다. 이런 치료법은 많은 생명을 구하고 많은 고통을 완화할 수 있는 잠재력을 가졌지만, 전 세계 의료 시스템은 아직 이를 처리할 준비가 되어 있지 않다. 모든 사람이 이런 치료법에 동등하게 접근할 수 있도록 하기 위해서는 창의적인 새로운 지불 시스템이 필요하다.

유전자 치료의 미래

수천 가지 질병은 세포가 정상으로 기능하지 못하게 하는 DNA 오류에서 비롯된다.[1] 현재 약 7,000개의 희귀 질환 중 5%만 FDA 승인을 받은 치료제가 있으며, 나머지 수천 개 질환은 치료제가 없는 상태다. 하지만 지난 몇 년 동안 유전공학 기술은 궁극적으로 세포의 유전적 지침을 바꿔 질병을 치료할 수 있을 만큼 획기적으로 발전했다. 유전자 치료는 질병을 유발하는 돌연변이를 직접 교정하거나 세포의 DNA를 변경해 세포에 질병과 싸울 수 있는 새로운 도구를 제공함으로써 의학에 강력하고 새로운 접근 방식을 제공하는 셈이다. 그 결과 유전자 치료법은 단 한 번의 투여로 많은 질병을 DNA 수준에서 치료할 수 있게 될 것이다.

2022년 현재 전 세계적으로 2,000가지 이상의 유전자 치료법이 개발 중이다. 대부분 연구는 전 세계 4억 명에게 영향을 미치는 희귀한 유전 질환에 초점을 맞추고 있다. 낫세포 빈혈증,[2] 근이영

양증,[3] 그리고 어린이의 급속한 노화를 유발하는 진행성 유전 질환인 프로게리아 같은 희귀 질환에 대한 치료법이 곧 등장할지도 모른다. 더 먼 미래에는 유전자 치료법이 심장병이나 만성 통증과 같은 더 흔한 질환을 치료할 수도 있다.

천정부지로 치솟는 가격표

문제는 이런 치료법이 충격적인 가격표를 달고 있다는 것이다.

유전자 치료법은 여러 해 동안 총 수억에서 수십억 달러에 달하는 비용을 써가며 개발한 연구 결과물이다. 유전자 치료는 정교한 제조 시설, 고도로 숙련된 인력, 복잡한 생물학적 물질이 필요하다는 점이 다른 약물과 다른 점이다. 특히 잠재적 환자 수가 적은 의약품의 경우 비용을 회수하기 위해 제약회사는 더 높은 가격을 책정해야 한다.

높은 가격이 의료 시스템에 미치는 피해는 적지 않을 것이다. 향후 몇 년 내에 출시될 것으로 예상되는 낫세포 빈혈증에 대한 유전자 치료법을 생각해 보자. 이 치료법의 예상 가격은 환자당 185만 달러다. 경제학자들은 한 주의 메디케어 프로그램에 연간 약 3,000만 달러의 비용이 소요될 것으로 예측한다.[4] 대상 인구의 7%만 치료를 받는다고 가정해도 마찬가지다. 그리고 이것은 한 가지 의약품에 불과하다. 유사한 치료제가 수십 개 시장에 출시되면 의료 시스템에 부담을 주게 되고 민간 보험사들은 재정적 결정을 내

리기 어려워질 것이다.[5]

비용 절감, 새로운 지불 방법 찾기

유전자 치료제에 대한 환자 접근성을 개선하는 하나의 해결책은 독일에서 취한 방식처럼 그냥 제약회사에 제품 가격을 낮추라고 요구하는 것이다. 그러나 이 접근 방식에는 많은 어려움이 따르며, 제약회사가 특정 지역에는 치료제를 제공하지 않을 수도 있다.

보다 균형 있고 지속 가능한 접근 방식은 두 가지다. 단기적으로는 보험회사가 고비용 치료법을 보장하도록 유도하고 환자, 보험회사, 제약회사 간에 위험을 분산할 수 있는 새로운 지불 방법을 개발하는 것이 중요할 것이다. 장기적으로는 유전자 치료 기술을 계속 발전시켜 비용 절감에 도움이 되도록 하는 것이다.

혁신적 지불 모델 중 검증된 한 가지 접근 방식은 보험 적용 범위를 환자의 치료 결과와 연계하는 것이다. 이런 치료법은 아직 실험 단계에 있고 비교적 새로운 치료법이기 때문에 보험사가 보험 적용이라는 위험한 결정을 내리는 데 도움이 되는 데이터가 많지 않다. 보험사가 100만 달러의 보험금을 지급하는 치료법이라면 효과가 있어야 한다. 성과 기반 모델에서는 보험사가 치료비 일부를 선지급하고 환자가 호전될 경우에만 나머지를 지급하거나, 또는 전체 비용을 선지급하고 환자가 호전되지 않을 경우 환급받을 수 있다. 이런 옵션은 보험사가 신약 개발자와 재정적 위험을 분담하는 데 도움이 된다.

또 다른 모델은 '넷플릭스 모델'로 알려져 있으며 구독 기반 서비스로 작동한다. 이 모델에서는 주정부의 메디케이드(미국의 저소득자에 대한 의료 보장제도-옮긴이) 프로그램이 제약회사에 치료제를 무제한 이용할 수 있는 고정 요금을 지불한다. 이를 통해 주정부는 자격을 갖춘 주민에게 치료제를 제공할 수 있으며, 제약회사에 선불로 돈을 지급해 예산 균형을 맞출 수 있다. 이 모델은 루이지애나에서 C형 간염 치료제에 대한 접근성을 개선하는 데 효과적이었다.

비용 측면에서는 의료 절차를 간소화하는 신기술에 투자하는 것이 접근성 개선의 핵심이다. 예를 들어, 현재 임상시험 중인 낫세포 빈혈증 유전자 치료법은 줄기세포 이식을 포함하는 등 일련의 고비용 단계가 필요하다. 빌&멜린다 게이츠 재단, 국립보건원, 노바티스는 유전자 치료 분자를 간단히 주입하는 대체 접근법을 개발하기 위해 협력하고 있다. 이는 아프리카 및 기타 자원이 부족한 환경의 환자에게 저렴한 낫세포 빈혈증 치료제를 제공하는 것을 목표로 한다.

유전자 치료제에 대한 접근성을 개선하려면 정부, 비영리단체, 제약회사, 보험사 간 협력과 타협이 필요하다. 의료 시스템이 혁신적 지불 모델을 개발하고 새로운 기술에 투자하기 위해 선제적 조치를 취한다면 환자가 막대한 재정적 부담 없이 유전자 치료를 받는 데 도움이 될 것이다.

케빈 독젠 Kevin Doxzen

캘리포니아대학교 버클리 캠퍼스에서 생물물리학 박사 학위를 받았으며, 제니퍼 다우드나 연구실에서 일했다. 독젠은 애리조나 주립대학교 선더버드 글로벌 경영대학원과 샌드라 데이 오코너 법과대학, 세계경제포럼의 보건 및 헬스케어 플랫폼에서 공동 호프만 펠로우로 임명되었다. 그의 연구는 저소득 및 중간 소득 국가에서 유전자 치료법 및 기타 획기적 기술에 대한 공평한 접근을 포함해 정밀 의학 및 의료 분야 정책과 거버넌스 과제에 중점을 둔다.

17장 - 값이 매우 비싼 새로운 유전자 치료법

18장

케빈 독젠Kevin Doxzen

항생제 내성 박테리아를 막는 바이러스

전 세계가 코로나19 팬데믹을 일으킨 신종 코로나바이러스 (SARS-CoV-2) 퇴치에 집중하는 동안 또 다른 위험한 병원체 그룹이 막후에 나타났다. 항생제 내성 박테리아의 위협은 수년 동안 증가해 왔으며 점점 더 악화하고 있는 것으로 보인다. 코로나19가 우리에게 준 한 가지 교훈은 정부가 더 많은 글로벌 공중 보건 위기에 대비해야 한다는 것이고, 여기에는 일반적으로 사용되는 약물에 내성을 보이는 악성 박테리아에 대항할 새로운 방법을 찾는 것도 포함된다.

팬데믹의 경우와 달리 바이러스는 다음에 등장할 전염병에서 악역이 아니라 영웅이 될 수도 있다. 과학자들은 바이러스가 항생제에 내성을 가진 박테리아에 대항하는 훌륭한 무기가 될 수 있음을 보여주었다.

나는 생명공학 및 정책 전문가로서 개인의 유전 및 생물학적 정보가 어떻게 인류의 건강을 개선할 수 있는지 이해하는 데 주력한다. 모든 사람은 고유한 바이러스 및 박테리아와 밀접하게 상호작용하며, 이런 복잡한 관계를 해독함으로써 항생제 내성 박테리아로 인한 감염성 질환을 더 잘 치료할 수 있다.

박테리오파지로 항생제 대체

1928년 페니실린이 발견된 이래 항생제는 현대 의학을 변화시켰다. 이 작은 분자는 박테리아를 죽이거나 성장을 억제해 박테리아 감염을 퇴치한다. 20세기 중반은 항생제의 황금기라고 불릴만큼 과학자들이 다양한 질병에 대한 수십 가지 새로운 분자를 발견한 시기다.

그러나 이 황금기는 곧 엄청난 파국으로 이어졌다.[1] 연구자들은 많은 박테리아가 항생제에 대한 내성을 진화시키고 있다는 사실을 발견했다. 우리 몸의 박테리아는 항생제가 더 이상 효과를 나타낼 수 없을 정도로 돌연변이를 일으키고 진화하면서 약물을 피하는 법을 배우고 있었다.

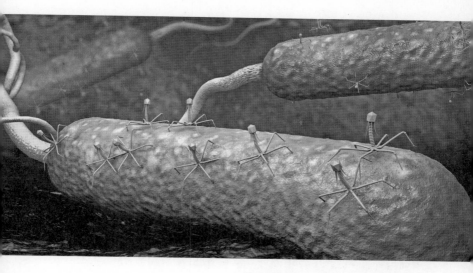

박테리아 표면에 그려진 박테리오파지는
박테리아를 감염시키고 파괴하는 바이러스다.
출처: Christoph Burgstedt/Science Photo Library, Getty Images.

일부 연구자들은 항생제의 대안으로 박테리아의 천적인 박테리오파지에 주목한다. 박테리오파지는 박테리아를 감염시키는 바이러스다. 박테리오파지는 박테리아보다 10배 이상 많으며 지구상에서 가장 풍부한 생물체로 간주된다.[2] 박테리오파지(또는 줄여서 파지)는 박테리아를 감염시켜 복제하고 숙주에서 튀어나와 박테리아를 파괴함으로써 생존한다.

박테리아와 싸우기 위해 파지의 힘을 활용하는 것은 새로운 아이디어가 아니다. 이른바 파지 요법이 처음으로 기록된 것은 한 세기 전 일이다. 1919년 프랑스 미생물학자 펠릭스 데렐은 중증 이질을 앓는 어린이를 치료하기 위해 파지 칵테일(내성 출현을 방지하기 위해 파지 여러 종을 혼합한 의약품-옮긴이)을 사용했다. 그는 파지를 공동 발견한 공로를 인정받았으며,[3] 박테리아의 천적인 바이러스를 의학에 활용하는 아이디어를 처음으로 생각해 냈다. 그는 이후 인도에서 콜레라, 이집트에서 페스트 유행을 막았다.[4]

파지 치료는 오늘날 지역 병원에서 흔히 사용하는 표준 치료법은 아니다. 그러나 지난 몇 년 동안 파지에 대한 관심이 높아졌다.[5] 특히 과학자들은 파지와 박테리아 사이의 복잡한 관계에 대한 새로운 지식을 활용해 파지 치료를 개선하고 있다. 과학자들은 박테리아를 더 잘 표적하고 파괴할 수 있도록 파지를 공학적으로 설계함으로써 항생제 내성을 극복할 수 있기를 바란다.

파지 조작

생물학자가 아니더라도 박테리아 면역계의 한 유형에 대해 들어본 적이 있을 것이다. 크리스퍼는 규칙적 간격을 갖는 짧은 회문 반복 구조의 약자다. 이 면역계는 박테리아가 바이러스 감염의 유전 정보를 저장하는 데 도움이 된다. 박테리아는 우리 몸 면역계가 특정 병원체를 인식해 감염을 퇴치하는 것처럼 이 정보를 사용하여 미래의 침입자와 싸울 수 있다.

박테리아의 크리스퍼 단백질은 바이러스에서 발견되는 DNA 또는 RNA의 특정 서열을 찾아 절단한다. 매우 정밀하게 절단할 수 있기 때문에 크리스퍼 단백질은 다양한 생물체의 게놈을 편집하는 효율적인 도구가 된다. 이것이 바로 크리스퍼 게놈 편집 기술 개발이 2020년에 노벨 화학상을 받은 이유다. 이제 과학자들은 크리스퍼 시스템에 대한 지식을 이용해 위험한 박테리아를 파괴하는 파지를 제작하고자 한다.

조작된 파지가 특정 박테리아를 찾으면 파지는 박테리아 내부에 크리스퍼 단백질을 주입해 박테리아의 DNA를 절단하고 파괴한다. 과학자들은 방어를 공격으로 전환할 수 있는 방법을 찾아냈다. 일반적으로 바이러스로부터의 보호에 관여하는 단백질의 용도를 변경해 오히려 박테리아의 자체 DNA를 표적으로 삼아 파괴하도록 한다. 과학자들은 박테리아가 항생제에 내성을 갖도록 만드는 DNA를 특이적으로 표적 삼을 수 있어 이러한 유형의 파지 요법은 매우 효과적이다.

클로스트리디오이데스 디피실리(*Clostridioides difficile*)는 미국에서만 매년 2만 9천 명을 사망하게 하는 항생제 내성 균주다. 크리스퍼에 기반한 파지 기술을 시연하면서, 연구자들은 파지가 박테리아에 분자를 주입하도록 설계했다. 이 분자는 박테리아 자체의 크리스퍼 단백질이 종이 파쇄기처럼 박테리아의 DNA를 잘게 부수도록 유도한다.

박테리아 면역계는 크리스퍼만 있는 것이 아니다. 과학자들은 창의적인 미생물 실험과 첨단 계산 도구를 사용해 더 많은 종류를 발견하고 있다. 과학자들은 이미 수만 개의 새로운 미생물과[6] 수십 개의 새로운 면역계를 발견했다.[7] 과학자들은 더 다양한 박테리아를 표적으로 하는 파지를 설계하는 데 도움이 될 더 많은 도구를 찾고자 한다.

과학을 넘어

이러한 미생물과 싸우는 데 있어 과학만이 능사는 아니다. 항생제 내성 박테리아의 전 세계적 확산을 막기 위해 이 기술을 사회가 사용하도록 하려면 상용화와 규제가 중요하다.

특정 유해 박테리아를 파괴하기 위해 파지를 조작하거나 자연적으로 발생하는 파지를 식별하는 데 여러 회사가 참여하고 있다. 펠릭스 바이오테크놀로지(Felix Biotechnology), 어댑티브 파지 테라퓨틱스(Adaptive Phage Therapeutics), 사이토파지(Cytophage) 같은 회사는 의료 및 농업 분야에서 항생제를 대체하기 위해 특수 박테리아를 죽이는 파지를 생산한다. 바이옴엑스(BiomX)는 천연 및 조작 파지 칵테일을 사용해 낭포성 섬유증 및 염증성 장 질환과 같은 만성 질환에서 흔히 발생하는 감염을 치료하는 것을 목표로 한다. 전 세계를 대상으로 파지프로(PhagePro) 사는 주로 아프리카와 아시아 사람들에게 영향을 미치는 치명적 콜레라 박테리아를 치료하기 위해 파지를 사용한다.

파지 치료가 상용화됨에 따라 이 기술의 안전한 테스트와 규제를 촉진하는 정책도 매우 중요하다. 미국의 부실했던 코로나19 대응을 답습하지 않으려면 전 세계가 파지 치료제에 투자하고, 개발하고, 테스트해야 한다고 생각한다. 선제적 계획을 세우면 항생제 내성 박테리아가 진화하고 확산할 수 있는 모든 상황에 대처하는 데 도움이 될 것이다.

케빈 독젠 Kevin Doxzen

캘리포니아대학교 버클리 캠퍼스에서 생물물리학 박사 학위를 받았으며, 제니퍼 다우드나 연구실에서 일했다. 독젠은 애리조나 주립대학교 선더버드 글로벌 경영대학원과 샌드라 데이 오코너 법과대학, 세계경제포럼의 보건 및 헬스케어 플랫폼에서 공동 호프만 펠로우로 임명되었다. 그의 연구는 저소득 및 중간 소득 국가에서 유전자 치료법 및 기타 획기적 기술에 대한 공평한 접근을 포함해 정밀 의학 및 의료 분야 정책과 거버넌스 과제에 중점을 둔다.

19장

모 에브라힘카니 Mo Ebrahimkhani

간 질환 마우스의
수명을 연장한 미니 간

연구자들이 신체의 모든 세포 유형으로 성장할 잠재력을 가진 줄기세포(여러 종류로 분화할 능력을 가진 분열세포-옮긴이)를 프로그래밍해 인간 장기 전체를 생성할 수 있다고 상상해 보자. 이렇게 하면 약물 테스트용 조직을 만들 수 있고, 환자의 세포에서 직접 새로운 장기를 성장시켜 이식 장기에 대한 수요를 줄일 수도 있을 것이다.

나는 합성생물학이라는 신생 분야의 연구자로서 새로운 생물학적 부품을 만들고 기존 생물학적 시스템을 재설계하는 데 중점을 두고 있다. 2020년에 발표한 논문에서 나와 동료들은 실험실에서 배양한 장기의 주요 과제 중 하나인 간 기능을 구성하는 다양한 성숙한 세포를 생산하는 데 필요한 유전자를 알아내는 성과를 거두었다.[1]

줄기세포의 하위 그룹인 유도만능줄기세포(체세포에서 분화 능력을 갖도록 역분화된 줄기세포-옮긴이)는 인체의 모든 장기를 만들 수 있는 세포를 생산할 수 있다. 그러나 유도만능줄기세포는 환경으로부터 적시에 적절한 양의 성장 신호를 받아야만 이러한 기능을 수행할 수 있다. 이런 일이 발생하면 결국 인간 조직과 장기의 형태로 조립되고 성숙할 수 있는 다양한 유형의 세포가 생성된다. 만능줄기세포에서 생성되는 조직은 이식부터 신약 개발에 이르기까지 개인 맞춤형 의학을 위한 고유한 자료로 이용될 수 있다.[2]

그러나 안타깝게도 줄기세포에서 합성된 조직은 다른 조직의 원치 않는 세포가 포함되어 있거나 장기를 키우기 위한 산소와 영양분을 공급하는 데 필요한 성숙도와 완전한 혈관 네트워크가 부족하기 때문에 이식이나 약물 테스트에 항상 적합한 것은 아니다. 그렇기 때문에 실험실에서 배양한 세포와 조직이 제 역할을 하고 있는지 평가하고 이를 인간 장기와 더 유사하게 만드는 방법을 결정하는 틀을 갖추는 것이 중요하다.

나는 이 과제에서 영감을 받아 조직 발달을 읽고 쓰거나 프로그래밍하는 합성생물학 방법을 확립해 보기로 결심했다.[3] 나는 인간 장기가 자연적으로 형성되는 데 사용되는 것과 유사한 줄기세포의 유전적 언어를 사용해 이 작업을 수행하려고 한다.

유전자 설계로 만든 조직과 장기

　나는 피츠버그 간 연구 센터(Pittsburgh Liver Research Center)와 맥고완 재생의학 연구소(McGowan Institute for Regenerative Medicine)의 합성생물학 및 생물공학 전문 연구자로, 공학적 접근법을 사용해 새로운 생물학적 시스템을 분석 및 구축하고 인간 건강 문제를 해결하는 것을 목표로 삼고 있다. 내 연구실에서는 합성생물학과 재생의학을 결합해 병든 장기나 조직을 대체하거나 재성장 또는 복구하기 위해 노력하는 새로운 분야를 연구한다.

　내가 사람의 새로운 간을 성장시키는 데 집중하기로 한 이유는 간이 혈액 내 단백질이나 당과 같은 대부분의 화학물질 수치를 조절하는 필수 기관이기 때문이다. 또 간은 유해한 화학물질을 분해하고 우리 몸에서 많은 약물을 대사한다. 그러나 간 조직은 취약하며 간염이나 지방간 질환과 같은 많은 질병에 의해 손상되거나 파괴될 수 있다. 기증 장기가 부족해서 간을 이식하는 것도 한계가 있다.

　합성 장기와 조직을 만들기 위해서는 줄기세포가 간세포나 혈관세포와 같은 다양한 유형의 세포로 변형될 수 있도록 제어할 수 있어야 한다. 목표는 이러한 줄기세포를 혈관과 자연 장기에서 볼 수 있는 올바른 성체 세포 유형을 포함하는 오가노이드(생체 장기를 모방하기 위해 만드는 줄기세포 유래 3차원 조직−옮긴이)라는 미니 장기[4]로 성숙시키는 것이다.

합성 조직의 성숙을 조율하는 한 가지 방법은 줄기세포 그룹이 성장하고 완전한 기능을 갖춘 장기로 분화하도록 유도하는 데 필요한 유전자 목록을 결정하는 것이다. 이 목록을 도출하기 위해 나는 패트릭 카한(Patrick Cahan)과 사미라 키아니와 함께 작업했다. 우리는 컴퓨터 분석을 통해 줄기세포 그룹을 성숙한 기능을 하는 간으로 전환하는 데 관여하는 유전자를 식별했다.

그런 다음 제자인 제러미 벨라즈케즈(Jeremy Velazquez)와 라이언 르그로(Ryan LeGrow)가 이끄는 우리 팀은 유전공학을 통해 우리가 확인한 특정 유전자를 변경하고 이를 사용해 줄기세포에서 사람의 간 조직을 만들고 성숙시키는 작업을 수행했다. 이 조직은 배양 접시의 유전자 조작 줄기세포 층에서 성장한다. 영양소와 함께 유전자 프로그램의 기능은 15-17일 동안 간 오가노이드의 형성을 조율하는 것이다.

배양 접시 속 간

나와 동료들은 먼저 컴퓨터 분석을 통해 실험실에서 배양한 태아 간 오가노이드의 활성 유전자와 성인 인간 간의 활성 유전자를 비교해 태아 간 오가노이드가 성인 장기로 성숙하는 데 필요한 유전자 목록을 생성했다.[5] 그런 다음 유전공학을 사용해 줄기세포가 성인의 간으로 더 성숙하는 데 필요한 유전자와 만들어지는 단백질을 조정했다. 약 17일 동안 폭이 수 밀리미터에 불과하지만 일반적으로 임신 3기 간에서 발견되는 다양한 세포로 구성된 보다 성숙한 간 조직이 생성되었다.

이 합성 간은 성숙한 사람의 간과 마찬가지로 영양분을 저장, 합성 및 대사할 수 있다. 실험실에서 배양한 간은 크기가 작았지만 앞으로 확장할 수 있을 것으로 기대한다. 성인 간과 많은 특징을 공유하지만 완벽하지는 않다. 아직 해야 할 일이 남아 있다. 예를 들어, 다양한 약물을 대사할 수 있는 간 조직의 능력을 개선해야 한다. 또 최종적으로 인간에게 적용하기 위해 더 안전하고 효과적으로 만들어야 한다.

우리 연구는 실험실에서 배양한 간이 단 2주 반 만에 성숙하고 작동하는 혈관 네트워크를 개발할 수 있음을 제시한다. 간 오가노이드는 주요 혈액 단백질 생산과 음식 소화에 중요한 화학물질인 담즙 조절 등 성인의 간이 수행하는 몇 가지 중요한 기능을 수행한다. 실험실에서 배양한 간 조직을 간 질환을 앓고 있는 마우스에게 이식한 결과 마우스의 수명이 연장되었다. 우리는 유전적 설계를 통해 생성된 오가노이드를 '디자이너 오가노이드'라고 명명했다. 이런 접근 방식은 유전자 프로그래밍을 통해 혈관을 가진 다른 장기를 제조할 수 있는 길을 열어주었다고 생각한다.

모 에브라힘카니 Mo Ebrahimkhani

피츠버그대학교 의과대학 병리학과 부교수. 또 실험병리학과 및 피츠버그 간 연구센터 회원이기도 하다. 이전에는 애리조나 주립대학교 생물학 및 보건 시스템 공학부 조교수이자 메이요 클리닉의 의학 겸임 교수로 재직했다. 매사추세츠공과대학 생물공학과에서 박사후 과정을 수료했다.

20장

크리스토퍼 터글 Christopher Tuggle
아델린 보처 Adeline Boettcher

인간 질병과 치료법을
연구하기 위한
'인간화 돼지'

미국 식품의약국(FDA)에서는 모든 신약을 사람에게 사용하기 전에 동물 실험을 거쳐야 한다고 규정한다. 돼지는 마우스보다 크기, 생리,[1] 및 유전적 구성이 인간에 더 가깝기 때문에 의학 연구 대상으로도 더 낫다.[2] 최근 아이오와 주립대학교 연구팀은 돼지를 인간에 더 가깝게 만들 수 있는 방법을 찾았다. 인간 면역계의 구성요소를 기능적 면역계가 없는 돼지에게 성공적으로 이식한 것이다.[3] 이 획기적 발견은 바이러스와 백신, 암 및 줄기세포 치료제를 포함한 여러 분야의 의학 연구를 가속화할 잠재력을 가졌다.

기존 생의학 모델

중증 복합 면역 결핍증(SCID)은 면역계의 발달 장애를 일으키는 유전 질환이다. 1976년 영화 〈사랑의 승리〉(The Boy in the Plastic Bubble)에서처럼 사람도 SCID에 걸릴 수 있다. 마우스를 포함한 다른 동물도 SCID에 걸릴 수 있다.

1980년대 연구자들은 SCID 마우스에 인간 면역 세포를 이식해 이후의 연구에 사용할 수 있다는 사실을 알아냈다.[4] 이런 마우스를 '인간화' 마우스라고 하며, 지난 30년 동안 인간 건강과 관련된 많은 문제를 연구하기 위해 최적화되었다. 마우스는 생의학 연구에서 가장 일반적으로 사용되는 동물이지만, 사람과 비교했을 때 신진대사, 크기, 다양한 세포 기능의 차이로 인해 마우스에서 얻은 결과가 사람과 잘 맞지 않는 경우도 있다.[5]

비인간 영장류도 의학 연구에 사용되는데, 확실히 인간에 더 가까운 동물이다. 그러나 이런 목적으로 영장류를 사용하기 위해서는 여러 가지 윤리 사항을 고려해야 한다. 이런 우려로 인해 미국국립보건원(NIH)은 2013년에 결국 침팬지를 대부분의 생의학 연구에서 퇴출시켰다. 이로 인해 대체 동물 모델에 대한 수요가 생겼다.

돼지는 인간과 유사한 점이 많아서 의학 연구에 적합한 동물이다. 또 돼지는 상업적으로 널리 사용되기 때문에 영장류에 비해 윤리적 딜레마가 적다. 미국에서는 매년 1억 마리 이상의 돼지가 식용으로 도축된다.

돼지의 인간화

2012년 아이오와 주립대학교와 캔자스 주립대학교의 동물 육종 및 유전학 전문가 잭 데커스(Jack Dekkers)와 동물 질병 전문가 레이먼드 로랜드(Raymond Rowland)가 포함된 연구팀은 우연히 돼지에서 자연적으로 발생하는 유전적 돌연변이로 SCID가 유발되는 것을 발견했다. 우리 연구팀은 이 돼지를 개발해 새로운 생의학 모델을 만들 수 있을지 고민했다.

아이오와 주립대의 우리 팀은 거의 10년 동안 SCID 돼지를 생의학 연구 적용에 최적화하기 위해 노력했다. 2018년에는 동물 생리학자 제이슨 로스(Jason Ross)와 그의 연구실과 협력해 두 가지 이정표를 달성했다. 우리는 함께 기존 SCID 돼지보다 면역력이 약한 돼지를 개발해 그 새끼 돼지의 간에 배양한 인간 면역 줄기세포를 이식하여 인간화하는 데 성공했다.

태아 발달 초기에는 간에서 면역 세포가 발달하여 인간 세포를 도입할 수 있게 된다. 우리는 초음파 영상의 도움을 받아 태아 돼지의 간에 인간 면역 줄기세포를 주입했다. 돼지 태아가 발달함에 따라 주입된 인간 면역 줄기세포는 분화하거나 다른 종류의 세포로 변화하면서 돼지 몸 전체로 퍼진다. 태어난 SCID 새끼 돼지의 혈액, 간, 비장, 흉선에서 인간 면역 세포가 발견된다. 이러한 인간화 덕분에 새로운 치료법을 테스트하는 데 매우 도움이 되었다.

우리는 인간의 난소 종양이 SCID 돼지에서도 생존하고 성장한다는 사실을 발견하여 새로운 방식으로 난소암을 연구할 기회를 얻었다.[6] 또 인간의 피부가 SCID 돼지에서 생존하기 때문에 과학자들은 피부 화상에 대한 새로운 치료법을 개발할 수 있을 것으로 기대한다. 그 외에도 연구 가능성은 무궁무진하다.

버블 속 돼지

돼지는 면역계의 필수 구성 요소가 부족하기 때문에 감염에 매우 취약하며, 병원체에 노출되지 않으려면 특별한 사육 환경이 필요하다. SCID 돼지는 버블형 생물 차단 시설에서 사육된다.[7] 병원체를 차단하기 위해 주변 환경보다 높은 기압을 유지하는 양압실에는 고도로 여과된 공기와 물이 공급된다. 그곳에 출입하는 모든 사람은 완벽한 개인 보호 장비를 착용해야 한다. 일반적으로 한 번에 2-15마리의 SCID 돼지와 번식용 돼지를 사육한다. (번식용 돼지는 SCID에 걸리지 않지만 돌연변이의 유전적 보인자이므로 그 자손은 SCID에 걸릴 수 있다.)

모든 동물 연구와 마찬가지로 윤리적 사항은 항상 최우선으로 고려된다. 모든 프로토콜은 아이오와 주립대학교의 기관 동물 관리 및 사용 위원회의 승인을 받았으며, 미국국립보건원의 실험동물 관리 및 사용 지침을 준수한다. 매일 두 번씩 전문 관리인이 돼지의 건강 상태를 관찰하고 스킨십을 제공한다. 수의사도 대기하고 있다. 돼지가 아프고 약물이나 항생제를 투여해도 상태가 개선되지 않으면 인도적으로 안락사시킨다.

우리 목표는 인간화된 SCID 돼지를 지속적으로 최적화해 줄기세포 치료 실험은 물론 암을 포함한 다른 분야의 연구에 더 쉽게 사용할 수 있도록 하는 것이다. SCID 돼지 모델 개발을 통해 장기적으로 인간 환자의 치료 결과를 개선하고, 치료 테스트의 발전을 위한 길을 열 수 있기를 바란다.

크리스토퍼 터글 Christopher Tuggle

생화학 박사 학위를 받았으며, 분자유전학을 전공했다. 면역의 유전적 및 후성유전적 조절에 큰 관심을 가진 그는 현재 돼지 게놈의 구조와 기능을 연구하고 암 및 줄기세포 치료를 위한 생의학 모델로서 면역 결핍 돼지의 유전적 계통을 개발하는 환상적인 연구자 그룹을 이끌고 있다.

아델린 보처 Adeline Boettcher

2019년 아이오와 주립대학교에서 분자 및 세포 생물학 박사 학위를 받았으며, SCID (면역 결핍) 돼지를 이용한 생물의학 모델의 특성화 및 개발에 중점을 둔 연구를 수행했다. 그 후 노스웨스턴대학교에서 박사후 연구원을 지내며 마우스 모델에서 전립선암에 대한 면역 요법을 연구했다. 아이오와 주립대학교의 테크니컬 라이터, 북미 방사선 학회의 과학 편집자로 활동했다. 보처 박사는 2021년 알파 베타 사이언티픽 커뮤니케이션스 LLC(Alpha Beta Scientific Communications LLC)를 설립해 운영했으며, 생명공학 스타트업과 컨설팅을 진행했다. 현재 인큐베이션 회사 레드 셀 파트너스(Red Cell Partners)의 운영 전문가로 의료 및 국가 안보 스타트업 회사와 협력하고 있다.

이반 아니쉬첸코 Ivan Anishchenko

AI가 '환각하는' 단백질의 새로운 구조

모든 생명체는 수많은 복잡한 분자들을 포함한 단백질을 사용한다. 단백질은 태양 에너지를 사용한 식물의 산소 생산부터 면역계의 병원체 퇴치, 그리고 근육의 신체 운동에 이르기까지 다양한 기능을 수행한다. 또 많은 약물이 단백질을 기반으로 한다.[1]

그러나 생의학 연구 및 신약 개발의 여러 분야에서는 새로운 단백질을 만드는 적합한 출발점이 될 수 있는 천연 단백질이 존재하지 않는다. 코로나19 감염을 예방하는 신약을 설계하거나 유전자를 켜거나 끌 수 있는 단백질을 개발하는 연구자들은 처음부터 새로운 단백질을 만들어야 했다.[2] 이 새로운 단백질 설계 과정은 제대로 수행하기가 곤란할 수도 있다. 나와 같은 단백질 엔지니어들은 우리가 필요로 하는 특성을 가진 새로운 단백질을 보다 효율적이고 정확하게 설계할 방법을 찾기 위해 노력해 왔다.

다행히 딥 러닝이라는 인공지능 방법을 사용해 이전에는 존재하지 않았던 단백질을 만들 수 있게 되었다.[3]

처음부터 단백질 설계하기

단백질은 아미노산이라고 하는 수백에서 수천 개의 작은 조립 단위로 구성되어 있다. 아미노산은 긴 사슬로 연결되어 접혀서 단백질을 형성한다. 이러한 아미노산이 서로 연결되는 순서에 따라 각 단백질의 고유한 구조와 기능이 결정된다.

단백질 엔지니어가 새로운 단백질을 설계할 때 직면하는 가장 큰 과제는 원하는 기능을 수행할 수 있는 단백질 구조를 만드는 것이다. 이 문제를 해결하기 위해 연구자들은 일반적으로 유사한 기능을 가진 자연 발생 단백질을 기반으로 설계 주형을 만든다. 이런 주형에는 각 특정 단백질의 고유한 접힘을 만드는 방법에 대한 지침이 있다. 하지만 각각의 접힘에 대해 주형을 만들어야 하기 때문에 이 전략은 시간이 많이 걸리고, 노동 집약적이며, 자연에서 구할 수 있는 단백질 종류에 따른 한계가 있다.

지난 몇 넌 동안 내가 일하는 연구실을 포함한 다양한 연구 그룹에서 다중 처리 계층(multiple processing layers)을 사용해 입력 데이터를 '학습'하여 원하는 결과를 예측하는 컴퓨터 프로그램인 심층 신경망을 개발했다. 원하는 결과물이 새로운 단백질인 경우, 단백질의 다양한 측면을 설명하는 수백만 개의 매개변수가 네트워크에 입력된다.[4] 그 결과 해당 서열이 취할 가능성이 가장 높은 3차원 구조에 매핑된 무작위로 선택된 아미노산 서열이 예측된다. 무작위 아미노산 서열의 네트워크 예측은 흐릿해서 단백질의 최종 구조가 명확하지 않다. 이에 반해 자연적으로 나타나거나 처음부터 만들어지는 단백질은 그 구조가 훨씬 더 명확하다.

새로운 단백질을 '환각하다'

이러한 관찰은 새로운 단백질을 처음부터 생성할 수 있는 한 가지 방법을 암시한다. 즉 예측이 잘 정의된 구조를 얻을 때까지 네트워크에 무작위로 입력을 조정하는 것이다. 나와 동료들이 개발한 단백질 생성 방법은 이미지에서 패턴을 찾아서 향상시키는 구글의 딥드림(DeepDream)과 같은 컴퓨터 비전 방법과 개념적으로 유사하다.

이런 방법은 사람의 얼굴이나 동물 또는 사물의 모양과 같은 이미지의 패턴을 인식하도록 훈련된 네트워크를 사용해, 존재하지 않는 패턴을 인식하는 방법을 학습하도록 반전시키는 방식으로 작동한다. 예를 들어 딥드림에서는 네트워크에 임의의 이미지를 입력하고 그 이미지에서 얼굴이나 다른 모양을 인식할 때까지 조정한다. 최종 이미지는 사람이 보기엔 얼굴처럼 보이지 않지만 신경망에는 얼굴처럼 보일 수 있다.

이 기술의 산물을 흔히 환각(hallucination, 틀린 답변을 마치 정답처럼 말하는 현상-옮긴이)이라고 하며, 설계한 단백질도 '환각'이라고 부른다.

우리의 방법은 무작위 아미노산 서열을 심층 신경망에 통과시키는 것으로 시작된다. 결과는 무작위 서열에서 예상되는 것처럼 처음에는 흐릿하고 불분명한 구조를 가질 것이다. 그런 다음, 사슬의 한 아미노산을 다른 아미노산으로 바꾸는 돌연변이를 도입하고 이 새로운 서열을 다시 신경망에 통과시킨다. 이러한 변화로 인해 단백질 구조가 더 명확해지면, 해당 아미노산을 유지하고 서열에 다른 돌연변이를 도입한다. 이 과정을 반복할 때마다 단백질은 자연에서 만들어지는 실제 형태에 점점 더 가까워진다. 새로운 단백질을 만들려면 이런 과정을 수천 번 반복해야 한다.

이 과정을 통해 명확한 구조로 접힐 것으로 예측되는 2,000개의 새로운 단백질 서열을 생성했다. 이 중 실험실에서 물리적으로 재현할 수 있는 가장 독특한 모양을 가진 100개 이상을 선택했다. 마지막으로 세부 분석을 위해 상위 후보 중 세 개를 선택했고, 환각 모델이 예측한 모양과 거의 일치한다는 것을 확인했다.

새로운 단백질을 '환각하는' 이유

환각 접근법 덕분에 단백질 설계 경로는 상당히 간단해진다. 주형이 필요 없기 때문에 연구자들은 원하는 기능을 가진 단백질을 만드는 데 직접 집중할 수 있으며, 그 구조를 알아내는 일은 신경망이 알아서 처리한다.

우리 연구는 연구자들이 탐구할 다양한 가능성을 열어준다. 우리 연구실에서는 이 환각 접근법을 사용해 설계된 단백질의 기능을 더 구체적으로 생성하는 최선의 방법을 연구하고 있다.[5] 이 접근법은 다른 심층 신경망을 사용해 새로운 단백질을 설계하는 데에도 쉽게 확장할 수 있다. 연구자들은 심층 신경망을 통해 플라스틱을 분해하여 환경 오염을 줄이고, 건강에 해로운 세포를 식별하여 대응하며, 기존 및 새로운 병원체에[6] 대한 백신을 개선하는 등 더 많은 단백질을 만들 수 있을 것이다.

이반 아니쉬첸코 Ivan Anishchenko

캔자스대학교에서 계산 생물학으로 대학원 과정을 마쳤으며, 일리야 박서(Ilya Vakser) 연구실에서 단백질과 단백질의 상호작용을 연구하는 계산 방법을 개발하는 데 참여했다. 박사후 과정에서는 시애틀에 있는 워싱턴대학교의 데이비드 베이커(David Baker)와 함께 단백질의 공진화를 연구하고 단백질 구조의 예측과 설계에 딥 러닝 방법을 구축 및 적용하는 작업을 수행했다. 아니쉬첸코의 연구 관심 분야는 생물학적 발견을 촉진하는 계산 도구를 개발하는 것이다.

21장 · AI가 '환각하는' 단백질의 새로운 구조

22장

페드로 벨다-페레 Pedro Belda-Ferre

유전 질환을 치료하는
박테리아 공학

많은 사람이 장에 서식할 준비가 된 수백만 마리의 박테리아가 들어 있는 알약을 끔찍하게 느낄 수 있겠지만 이 알약은 질병 퇴치를 위한 효과적인 새로운 도구가 될 수 있다. 돌연변이 유전자는 신체가 성장하고 발달하거나 기능하는 데 필요한 필수 물질을 만들 수 없는 유전성 질환을 일으킨다. 때때로 이 문제는 합성 물질인 알약을 통해 해결할 수 있는데, 신체가 자연적으로 만들어야 하는 물질을 대체하기 위해 알약을 매일 복용해야 할 수도 있다.

페닐케톤뇨증(PKU)이라는 희귀 유전 질환을 가진 사람들은 단백질을 분해하는 필수 효소가 부족하다. 이 효소가 결핍되면 독성 화학물질이 혈액에 축적되어 영구적 뇌 손상을 일으킬 수 있다. 다행히 치료법은 간단하다. 의사들은 환자에게 평생 초저단백질 식단을 유지하게 함으로써 이 질병을 치료한다. 실제로 치료법이 매우 간단해서 PKU는 1961년부터 신생아 발뒤꿈치를 찔러서 채취한 혈액 한 방울을 분석해 신생아를 정기적으로 검사한 최초의 질환이었다. 하지만 평생 먹는 모든 음식을 모니터링하는 것이 얼마나 어려운 일인지는 쉽게 짐작할 수 있다.

현재 연구자들은 PKU를 치료하기 위해 새로운 치료 전략을 모색하고 있다. 그중 하나는 유전자 편집 도구를 사용해 유전자 돌연변이를 교정하는 것이다. 그러나 현재 수준의 기술은 다른 유전자를 파괴하고 환자에게 부수적인 손상을 입힐 가능성이 있기 때문에 여전히 위험하다.[1] 환자의 게놈에 영향을 주지 않고 고장 난 유전자를 대체할 수 있다면 어떨까? 매사추세츠주 케임브리지에 본사를 둔 생명공학 회사 신로직(Synlogic) 연구원들이 바로 그런 연구를 해냈다. 연구진은 인간 게놈을 직접 교정하기보다는 인간 장에 서식하는 자연 발생 박테리아에 치료 유전자를 도입하기로 결정했다. 이렇게 유전자 변형된 박테리아는 PKU 환자에게 부족한 효소를 생산하고 단백질을 무독성 물질로 분해한다.

나는 캘리포니아대학교 샌디에이고 캠퍼스 프로젝트 보조 과학자로서 미생물이 우리 건강에 미치는 영향을 알아내기 위해 우리 몸에 서식하는 미생물 군집을 연구한다. 우리는 이제 이러한 미생물이 우리 건강을 유지하는 데 어떤 역할을 하는지 이해하기 시작했다. 다음 단계는 건강을 개선하기 위해 미생물을 어떻게 변화시킬 수 있는지 알아내는 것이다. 신로직의 연구는 한 걸음 더 나아가 그 꿈을 현실화하고 있다.

장에 서식하는 박테리아 공학

장에 음식물 소화를 돕고,[2] 비타민을 생산하며,[3] 면역계를 교육하는 수조 마리의 박테리아가 서식한다는 사실을 알면 놀랄 것이다.[4] 이 미생물 군집을 마이크로바이옴(microbiome)이라고 한다. 이 미생물들은 게놈에 수백만 개의 서로 다른 유전자를 보유하고 있으며, 그 수는 인간 유전자의 150배에 달한다. 우리는 이 미생물을 우리에게 유익하게 사용할 수 있다.

대장균 니슬1917은 우리 몸속에 사는 미생물 중 하나로, 한 세기 이상 프로바이오틱스(probiotics, 우리 몸에 유익한 살아 있는 박테리아-옮긴이)로 널리 사용되어 왔으며 그 안전성이 입증되었다.[5] 신로직은 이 미생물로 새로운 치료용 '슈퍼 박테리아' SYNB1618을 개발해 PKU 환자들을 위해 사용하기로 결정했다.

신로직 연구원들은 SYNB1618에 단백질 구성 요소 중 하나인 페닐알라닌이라는 아미노산을 안전한 화합물인 페닐피루베이트로 변환할 수 있도록 하는 세 가지 유전자를 도입했다. 페닐알라닌 수치가 낮게 유지되는 한 PKU 환자는 아무 증상을 보이지 않고 정상적인 생활을 할 수 있다.

유전자 변형 박테리아는 안전한가?

유전자 변형 생물체에 반대하는 사람들은 디자이너 미생물을 우리 장에 삽입하는 것에 반대할 것이다. 그러나 유전자 변형 식품과 마찬가지로 미국 식품의약국(FDA)은 엄격한 규정을 통해 이러한 실험용 미생물의 안전성을 관리한다.

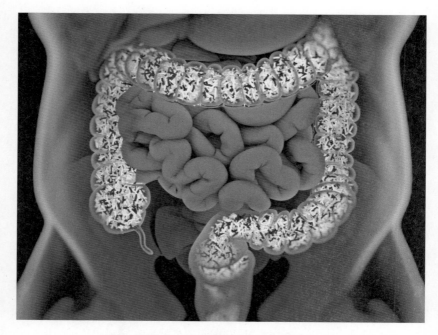

대장은 건강에 필수적인 박테리아 및 기타 미생물 군집으로 가득 차 있다. 신로직은 자연적으로 발생하는 장내 박테리아 중 하나를 재설계해 유전 질환인 페닐케톤뇨증 치료에 도움이 되도록 했다.
출처: Anatomy Insider/Shutterstock.com

SYNB1618의 경우, 연구자들은 박테리아가 증식하는 데 필수적인 성분을 생산하는 유전자를 삭제했다. 만약 연구자들이 결핍된 성분을 제공하지 않으면 박테리아는 복제할 수 없어 죽게 된다. 이 메커니즘은 연구자들이 환자 체내에서 SYNB1618을 제어할 수 있는 방법이다. 연구진은 마우스를 대상으로 이 미생물을 실험한 결과, 필수 성분이 없는 상태에서 48시간이 지나자 SYNB1618이 장내에서 사라진 것을 발견했다. 신로직의 연구원들은 SYNB1618을 엔지니어링할 때 다른 예방 조치도 취했다. 이 조작 박테리아는 장에 서식하는 원래의 대장균 니슬1917과 정확히 동일한 유전자를 포함하고 있어 SYNB1618의 안전성을 보장한다.

정말 효과가 있을까?

연구팀은 실험실에서 박테리아가 페닐알라닌을 전환할 수 있다는 사실을 입증한 후, 이 박테리아를 PKU에 걸린 마우스에게 투여하기로 결정했다. 그 결과 SYNB1618이 동물 장에서 순환하는 페닐알라닌을 분해해 치료받은 마우스의 혈중 페닐알라닌 수치를 낮추는 것으로 나타났다. 그런 다음 연구팀은 인간을 대상으로 한 실험을 준비하기 위해 원숭이를 대상으로 SYNB1618을 테스트했다. PKU가 없는 건강한 원숭이에게 페닐알라닌을 먹인 후 미생물을 투여했다. SYNB1618 박테리아는 마우스에서와 마찬가지로 페닐알라닌 혈중 농도를 성공적으로 감소시켰다.

신로직은 현재 SYNB1618을 사람을 대상으로 임상시험하고 있다. 이는 당뇨병이나 암과 같은 인간 질병을 치료하고 염증성 장 질환의 염증 수준을 모니터링할 수 있는 큰 잠재력을 지닌 새로운 치료 접근 방식이다.[6]

우리 몸에 서식하는 모든 미생물의 역할을 발견하고 이해한다면 대사 및 중추 신경계와 관련된 질병을 포함해 보다 많은 질병을 치료하는 다양한 유전자 치료제를 운반하는 완벽한 수단이 될 미생물을 식별할 수 있을 것으로 기대한다.

페드로 벨다-페레 Pedro Belda-Ferre

캘리포니아대학교 샌디에이고 캠퍼스 나이트 연구실의 프로젝트 과학자 보조 연구원. 우리 몸에 서식하는 미생물은 인체 생리학에서 중요한 역할을 하며, 여러 질병이 미생물 불균형과 연관되어 있다. 현대 라이프스타일이 인간의 미생물 군집과 건강에 미치는 영향은 그의 주요 관심사 중 하나다. 벨다-페레는 다양한 분자, 생물정보학 및 동물 모델 방법론을 사용해 충치 질환과 식품 알레르기에 대한 마이크로바이옴 조절 전략을 개발하는 프로젝트에 참여했다.

23장

크레이그 W. 스티븐스 Craig W. Stevens

오피오이드 과다 복용을 방지하는 사람 뇌세포 유전자 편집

매년 수만 명이 오피오이드(Opioid, 마약류 일종인 아편성 진통제-옮긴이) 약물 과다 복용으로 사망한다.[1] 모르핀과 옥시코돈 같은 오피오이드 진통제는 양날의 검과 같은 약물이다. 극심한 통증을 멈추게 하는 최고의 약물이지만 실수로 복용자가 사망할 수도 있는 잠재력을 지녔다.

나는 모르핀과 펜타닐 같은 오피오이드 계열 약물이 통증을 둔화시키는 방식에 관심이 있는 약리학자다. 나는 우리 몸에서 만들어지는 천연 오피오이드인 엔도르핀이 발견되었을 때 생물학에 매료되었다. 나는 지난 30년 동안 오피오이드 약물이 뇌의 표적, 즉 오피오이드 수용체(생체 내외부의 신호를 이용할 수 있도록 결합·전달하는 구조–옮긴이)에 작용하는 방식에 흥미를 느껴왔다. 나는 한 논문에서 크리스퍼 유전자 편집과 뇌 미세 주입과 같은 최첨단 분자 기술을 결합해 오피오이드의 작용을 둔화시켜서 치명적인 과다 복용을 방지하는 방법을 제안했다.[2]

오피오이드 수용체는 호흡을 억제한다

오피오이드는 사람의 호흡을 억제해 사망에 이르게 한다. 오피오이드는 오피오이드 수용체가 있는 뇌 하부의 특정 호흡 뉴런에 작용하여 호흡을 멈추게 한다. 오피오이드 수용체는 모르핀, 헤로인 및 기타 오피오이드 약물과 결합하는 단백질이다. 오피오이드가 수용체에 결합하면 뉴런의 활동을 감소시키는 반응을 일으킨다. 통증 뉴런의 오피오이드 수용체는 오피오이드의 진통제 또는 진통 효과를 매개한다. 오피오이드가 호흡 뉴런의 오피오이드 수용체에 결합하면 호흡을 느리게 하고, 오피오이드 과다 복용의 경우 호흡을 완전히 멈추게 한다.

호흡 뉴런은 척수에서 척추로 이어지는 뇌의 꼬리 부분인 뇌간에 위치한다. 동물 연구에 따르면 호흡 뉴런의 오피오이드 수용체는 오피오이드 과다 복용으로 인한 호흡 억제를[3] 유발하는 것으로 나타났다. 그러나 오피오이드 수용체가 없이 태어난 유전자 변형 마우스는 뇌세포에 이러한 수용체가 있는 정상 마우스와 달리 다량의 모르핀을 투여해도 사망하지 않는다.[4]

실험용 마우스와 달리 사람은 배아에서 뇌와 다른 곳의 오피오이드 수용체를 모두 제거하도록 변경할 수 없다. 또 좋은 생각도 아니다. 오피오이드 수용체는 스트레스와 통증이 심할 때 뇌로 방출되는 천연 오피오이드 물질인 엔도르핀의 표적으로 작용하기 위해 필요하다. 오피오이드 수용체가 완전히 녹아웃되면 오피오이드의 유익한 진통 효과에 반응하지 않게 된다.

학술지에 발표한 논문에서 나는 호흡 뉴런의 오피오이드 수용체를 선택적으로 제거할 수 있다고 주장했다. 사용 가능한 기술을 검토한 결과 크리스퍼 유전자 편집과 새로운 신경외과적 미세 주입 기술을 결합해 이 작업을 수행할 수 있다고 생각한다.

구조에 나선 크리스퍼: 오피오이드 수용체 파괴

'규칙적인 간격을 갖는 짧은 회문 반복 구조'의 약자인 크리스퍼는 박테리아 게놈에서 발견한 유전자 편집 방법이다. 박테리아도 바이러스에 감염될 수 있으며, 크리스퍼는 박테리아가 바이러스 유전자를 잘라내 침입한 병원체를 죽이기 위해 진화한 전략이다.

연구자들은 크리스퍼 방법을 사용하여 세포주와 조직 또는 전체 생물체에서 발현되는 특정 유전자를 표적으로 삼은 다음 이를 잘라내어 제거하거나, 즉 녹아웃시키거나 다른 방식으로 변경할 수 있다. 실험실에서 세포 배양으로 성장한 세포에서 생성된 인간 오피오이드 수용체를 제거하는 상업적으로 이용 가능한 크리스퍼 키트가 있다. 이 크리스퍼 키트는 원래 체외 사용을 위해 만들어졌지만, 살아 있는 마우스에서도 이와 유사하게 오피오이드 수용체를 녹아웃시킬 수 있음이 입증되었다.[5]

인간 호흡 뉴런의 오피오이드 수용체를 녹아웃시키려면 실험실에서 크리스퍼 유전자 편집 분자가 포함된 멸균 용액을 준비해야 한다. 이 용액에는 유전자 편집 성분 외에도 유전자 편집 기계가 호흡 뉴런에 들어가서 핵으로 들어간 다음 뉴런의 게놈으로 들어갈 수 있도록 하는 화학 시약이 포함되어 있다.

그렇다면 크리스퍼 오피오이드 수용체 녹아웃 용액을 사람의 호흡 뉴런에 구체적으로 어떻게 전달할 수 있을까?

하버드대학교의 마일즈 커닝햄(Miles Cunningham)과 그의 동료들이 개발한 두개강 내 미세 주입 기기(intracranial microinjection instrument, IMI)를 소개한다. IMI는 머리카락 지름의 약 두 배에 달하는 매우 얇은 튜브를 두개골 아래쪽 뇌에 삽입하여 뇌 조직을 손상시키지 않고 뇌의 특정 위치에 소량의 용액을 컴퓨터로 제어해 전달할 수 있다. 뇌 자체는 통증을 느끼지 못하기 때문에 의식이 있는 환자에게 국소 마취제만 사용하여 피부를 마비시킨 상태에서 시술할 수 있다.

컴퓨터가 MRI(Maganetic Resonance Imaging, 자기공명영상-옮긴이)를 사

용해 시술 전 촬영한 뇌 이미지를 입력하면 로봇은 원하는 곳으로 튜브를 배치한다. 더 좋은 점은 신경 활동을 측정해 올바른 신경세 포 그룹을 식별하는 기록 와이어가 IMI 튜브에 내장되어 있다는 것이다. 호흡 뉴런은 활동 전위를 발사해 호흡 근육을 움직이게 하는데, 이 활동 전위는 튜브 내의 기록 와이어로 측정된다. 호흡 뉴런의 활동이 환자의 호흡 움직임과 일치하면 튜브의 적절한 위치를 확인하고 크리스퍼 용액을 주입한다.

과감한 행동의 필요성

뇌 뉴런의 오피오이드 수용체는 반감기가 약 45분이다.[6] 몇 시간 동안 호흡 뉴런의 오피오이드 수용체는 분해되고 게놈에 내장된 크리스퍼 유전자 편집 기계는 새로운 오피오이드 수용체가 나타나지 못하게 할 수 있다. 이 방법이 성공하면 환자는 24시간 이내에 오피오이드 과다 복용으로부터 보호받을 수 있다. 호흡 뉴런은 재생되지 않기 때문에 크리스퍼 오피오이드 수용체는 평생 녹아웃된 상태로 지속된다.

호흡 뉴런에 오피오이드 수용체가 없으면 오피오이드 사용자는 오피오이드 과다 복용으로 인한 사망을 피할 수 있다. 국립 약물 남용 연구소 및 주요 연구 및 의료 기관의 적절한 지원을 받으면 이러한 종류의 크리스퍼 치료법은 향후 5-10년 사이에 임상시험에 들어갈 수 있을 것이다. 오피오이드 과다 복용으로 인한 총 사망 비용은 연간 약 4,300억 달러에 달한다. 1년 안에 고위험군 오피오이드 사용자 중 10%만 크리스퍼 치료를 받더라도 수천 명의 생명을 구하고 430억 달러를 절약할 수 있다.

두개강 내 크리스퍼 용액 미세 주입은 과감하게 보일 수 있다. 그러나 오피오이드 과다 복용으로 인한 사망을 막기 위해서는 과감한 조치가 필요하다. 오피오이드 과다 복용 피해자의 상당수는 만성 통증 환자다.[7] 말기 단계에 있거나 호스피스 치료를 받는 만성 통증 환자들은 내가 설명한 크리스퍼 오피오이드 수용체 녹아웃 치료의 1상 임상시험에 자원할 가능성이 있다.

오피오이드 사용자가 오피오이드 과다 복용으로 사망하지 않도록 만들면 심리 치료 및 약리학적 수단을 통한 예방 노력을 방해해 온 끔찍한 문제를 영구적으로 해결할 수 있다. 신중하고 충분한 자금을 지원받는 전임상 동물 모델과 임상시험을 통해 크리스퍼 방법을 증명하는 작업은 현세대의 생의학 과학자들에게 불가능한 일을 가능하게 하는 일이 될 것이다.

크레이그 W. 스티븐스 Craig W. Stevens

오클라호마주 털사에 있는 오클라호마 주립대학교-보건과학센터 약리학 교수. 시카고 일리노이대학교에서 생의학 석사 학위를, 미네소타주 로체스터의 메이요 클리닉에서 약리학 박사 학위를 받았다. 미네소타대학교에서 2년간의 박사후 연구원 과정을 마친 후 1990년 오클라호마 주립대학교-보건과학센터 교수진에 합류했다. 오피오이드 전염병, 오피오이드 수용체 진화, 오피오이드와 신경 면역계의 상호작용을 주제로 논문을 발표했다.

24장

사미라 키아니 Samira Kiani

유전자 치료 시 면역 반응에 대처하는 크리스퍼

유전자 치료는 환자의 결함 있는 유전자를 건강한 유전자로 대체해 질병을 치료하는 방법이다. 이 유전자 치료가 직면한 주요 과제 중 하나는 면역계가 치료 유전자와 이를 운반하는 운반체를 파괴하지 않도록 하면서 환자에게 치료 유전자를 안전하게 전달하는 것이 어렵다는 점이다. 이는 생명을 위협할 정도로 광범위한 염증을 유발할 수 있다.[1]

30년 전 연구자들은 유전자 치료가 혈우병, 낫세포 빈혈증, 유전성 대사 질환과 같은 유전성 질환에 대한 궁극적 치료법이 될 것이라고 생각했다. 하지만 이 기술은 면역 반응을 피할 수 없었다. 그 이후 연구자들은 기술을 완성하고 유전자 또는 운반체에 대한 면역 반응을 제어할 방법을 모색했다. 그러나 지금까지 시험한 많은 전략은 이 장애물을 완전히 극복하지 못했다.[2]

스테로이드와 같이 전체 면역계를 억제하는 약물은 유전자 치료제 투여 시 면역 반응을 약화시키기 위해 사용되었다. 그러나 스테로이드는 체내에서 작용하는 시기와 위치를 제어하기 어렵고 원치 않는 부작용을 일으킬 수 있다. 나와 내 동료 모 에브라힘카니는 제어하기 쉬운 면역 억제 도구로 유전자 치료를 시도하고자 했다.

나는 6년 전 아버지가 췌장암 진단을 받은 이후 유전자 치료에 관심을 갖게 된 의사이자 합성생물학자다. 췌장암은 가장 치명적인 형태의 암 중 하나이며 일반적으로 현재 사용 가능한 치료법으로는 환자를 구할 수 없다. 따라서 유전자 치료와 같은 새로운 치료법이 유일한 희망일 수 있다. 그러나 유전자 치료가 대개 실패하는 이유는 유전자 도입에 사용되는 물질에 대해 환자에게 기존 면역 반응이 있거나 치료 과정에서 면역 반응이 나타나기 때문이다. 이 문제는 수십 년 동안 이 분야를 괴롭혀왔으며 기술이 광범위하게 적용되는 것을 방해했다.

유전자 치료의 과거와 현재

전통적으로 과학자들은 새로운 유전자를 특정 장기로 운반하는 수단으로, 위험한 질병을 유발하는 유전자가 제거된 바이러스를 사용했다. 이렇게 운반된 유전자는 유전된 결함 유전자를 보완할 수 있는 산물을 만든다. 이것이 유전자 치료가 작동하는 방식이다.

유전자 치료가 유전 질환을 조절하는 데 도움이 되는 사례가 있기는 하지만,[3] 이 방법은 완벽하지 않다. 때로는 결함 유전자의 크기가 너무 커서 유전자 치료에 일반적으로 사용되는 바이러스에 건강한 유전자를 담지 못하는 경우도 있다. 또 다른 문제는 면역계가 바이러스를 감지하면 신종 코로나바이러스(SARS-CoV-2)나 감기를 유발하는 라이노바이러스(rhinovirus)와 같은 다른 유해한 바이러스에 감염되었을 때와 같이 그 바이러스를 질병을 일으키는 병원체로 간주하고 항체를 생성해 싸우기 위한 공격을 시작한다는 것이다.

그러나 최근 크리스퍼라는 유전자 편집 기술이 등장하면서 과학자들은 다른 방식으로 유전자 치료를 할 수 있게 되었다.[4]

크리스퍼는 다양한 방식으로 사용될 수 있다. 주요 역할은 날카로운 메스를 가진 유전 외과의사처럼 과학자들이 생물체의 원하는 세포에 있는 고유 게놈 내에서 유전적 결함을 찾아 이를 교정할 수 있도록 하는 것이다. 크리스퍼는 한 번에 하나 이상의 유전자를 복구할 수 있다. 또 과학자들은 게놈을 구성하는 DNA 염기 서열을 영구적으로 변경하지 않고도 크리스퍼를 사용해 단기간

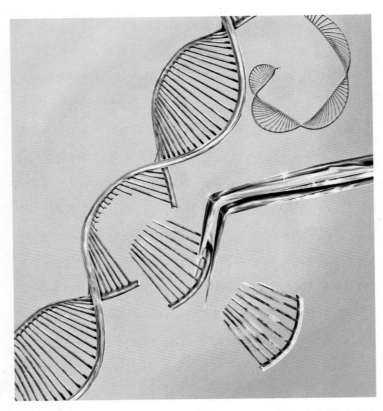

크리스퍼는 단일 단위의 DNA도 정밀하게 제거할 수 있다.
출처: Keith Cahambers/Science Photo Library/Getty Images.

유전자를 껐다가 다시 켜거나 켰다가 끌 수 있다. 이는 나와 같은 연구자들이 향후 수십 년 동안 유전자 치료법을 혁신하기 위해 크리스퍼 기술을 활용할 수 있음을 의미한다.

하지만 이런 기능에 크리스퍼를 사용하려면 인체에 침투할 수 있도록 바이러스로 포장해야 한다. 그리고 유전자 치료 바이러스에 대한 면역 반응을 막는 문제도 해결해야만 크리스퍼 기반 유전자 치료가 발전할 수 있다. 그래서 나는 에브라힘카니와 팀을 이루어 유전자 치료 바이러스를 파괴하는 면역 반응을 담당하는 유전자를 차단하기 위해 크리스퍼를 사용할 수 있는지 실험했다. 그런다음 유전자의 활성을 낮추고 면역 반응을 둔화시키면 유전자 치료 바이러스가 더 효과적일 수 있는지 조사했다.

유전자 치료 바이러스를 파괴하는 면역 반응 방지하기

*Myd88*은 일반적인 유전자 치료 바이러스를 포함해 박테리아 및 바이러스에 대한 반응을 제어하는 면역계의 핵심 유전자다. 우리는 실험 동물의 몸 전체에서 이 유전자를 일시적으로 끄기로 결정했다.

우리는 동물에게 *Myd88* 유전자를 표적으로 하는 크리스퍼 분자를 주사하고 이것이 유전자 치료 바이러스와 싸우기 위해 생성되는 항체의 양을 줄이는지 살펴봤다. 우리는 크리스퍼 치료를 받은 동물들이 바이러스에 대항하는 항체를 덜 생성하는 것을 보고 매우 기뻤다.

이를 계기로 동물에게 유전자 치료 바이러스를 두 번째 투여하면 어떤 일이 일어날지 궁금해졌다. 일반적으로 유전자 치료 바이러스에 대한 면역 반응으로 인해 치료제를 여러 번 투여할 수 없다. 그 이유는 첫 번째 접종 후 면역계가 바이러스를 접했기 때문에 두 번째 접종 시 바이러스가 화물을 전달하기 전에 항체가 신속하게 바이러스를 공격하고 파괴하기 때문이다. 그러나 동물에 두 번 이상 접종하더라도 바이러스에 대한 항체가 증가하지 않는 것으로 나타났다. 그리고 어떤 경우에는 *Myd88* 유전자를 일시적으로 끄지 않은 대조군 동물에 비해 시험 동물에서 유전자 치료의 효과가 개선되었다.

우리는 *Myd88* 유전자를 조정하는 것이 다른 염증의 원인을 퇴치하는 데 유용할 수 있음을 보여주는 여러 다른 실험도 수행했다. 이는 패혈증이나 코로나19와 같은 질병을 치료하는 데 효과가 있을 수 있다.

현재 우리는 *Myd88* 유전자의 활동을 제어하는 이 전략을 개선하기 위해 노력하고 있다. 〈네이처 셀 바이올로지〉(*Nature Cell Biology*)에 게재된 이번 연구 결과는 크리스퍼 기술을 사용하는 유전자 치료 중 인체의 면역계와 기타 염증 반응을 프로그래밍하는 데 있어 앞으로 나아갈 길을 제시한다.[5]

사미라 키아니 Samira Kiani

피츠버그대학교 병리학 및 생명공학 부교수이며, 안전한 유전자 치료를 위한 전략을 연구한다. 키아니는 크리스퍼 유전자 편집 분야에서 획기적 혁신을 이뤄냈다. 키아니의 연구는 실험실을 넘어선다. 그녀는 유전자를 설계하는 것 외에도 사람들이 생물학적 시스템을 의도적으로 조작하는 것에 대해 성찰하고, 영혼이 있고 자각적이며 인간중심적이고 사회의 집단적 지혜에 기반한 과학을 실천할 수 있는 경험을 설계한다. 키아니는 자신을 통합적 디자이너, 즉 마음으로는 인류학자고, 머리로는 사회과학자며, 실제로는 생물학 디자이너라고 설명한다.

25장

사만 나기에 Saman Naghieh

이식 장기 부족 문제를
해결하는 3D 프린팅

전 세계적으로 수천 명의 심각한 부상과 질병 또는 유전 질환 환자들이 이식할 장기와 조직을 필요로 하고 있지만 장기 기증자는 턱없이 부족한 실정이다. 환자 중 상당수는 이식을 기다리다가 사망한다.[1] 조직공학은 신체 손상을 대체하거나 복구하기 위한 영구적 해결책으로 인공 조직과 장기 대체물 생산을 목표로 하는 신흥 분야다.

생명공학 연구자로서 나는 손상된 조직을 재생하고 잠재적으로 인공 장기를 만드는 데 도움이 될 3차원 임시 장기 구조물(스캐폴드라고 함)을 개발하고 있다. 이런 조직은 생체 재료로 구성된 구조물을 이용하는 신경 복구 등 다양한 조직공학 응용 분야에도 사용될 수 있다.

조직 프린팅

전 세계적으로 매년 약 2,260만 명의 환자가 말초신경계 손상으로 인해 신경외과적 치료를 받아야 한다.[2] 이런 손상은 주로 자동차 사고, 폭력, 작업장 부상, 난산과 같은 외상성 사건으로 인해 발생한다. 2025년에는 전 세계적으로 신경 복구 및 재생 비용이 4억 달러 이상에 달할 것으로 예상된다. 외과의사는 현재의 수술 기술을 통해서도 손상된 말초신경을 재배열하고 신경 성장을 촉진할 수 있다. 하지만 손상된 신경계가 언제 회복될지 기약할 수 없으며, 기능 회복이 거의 이루어지지 않는 경우도 많다.

쥐를 대상으로 한 동물 연구에 따르면 부상으로 인해 신경이 2cm 이상 손상되면 그 간격을 제대로 연결할 수 없어 근육 기능이나 감각을 잃을 수 있다.[3] 특히 신경이 크게 손상된 경우에는 스캐폴드를 사용해 손상된 신경의 양쪽을 연결하는 것이 중요하다.

3차원 바이오프린팅은 3D 프린터와 유사하게 3D 구조를 층층이 인쇄한다. 우리 연구팀은 이 기술을 사용해 환자의 신경세포와 생체 재료로 만든 다공성 구조물을 만들어 손상된 신경을 연결했다. 인체가 거부반응을 일으키지 않도록 조류에서 추출한 알긴산염을 사용했다. 이 기술은 아직 사람을 대상으로 실험되지 않았지만, 이 기술이 개선되면 조직이나 장기를 기다리는 환자에게 도움이 될 수 있다.

소재 문제

알긴산염은 3D 프린팅 중 쉽게 붕괴되기 때문에 작업하기 까다로운 소재다. 3D 시스템 연구는 프린팅 가능성을 개선하는 새로운 기술 개발에 중점을 두고 있다. 신경 복구의 경우, 알긴산염은 살아 있는 세포의 성장과 기능에 유리한 특성을 가졌지만 3D 프린팅 가능성이 떨어져 제작에 상당한 제약이 따른다. 즉, 프린팅 과정에서 알긴산염이 쉽게 흘러내려 구조가 붕괴될 수 있다. 우리는 3D 프린터로 만든 다공성 알긴산염 구조 안에 세포를 포함하는 제조 방법을 개발했다.[4]

이전 연구에서는 신경 재생을 개선하기 위해 다공성 구조가 없는 알긴산염 덩어리를 만드는 성형 기술을 사용했는데, 이런 단단한 환경을 세포는 좋아하지 않는다. 또 다공성 알긴산염 구조를 3D 프린팅하는 것은 어렵고 종종 불가능하다. 우리는 성형된 알긴산염 덩어리가 아닌 층층이 알긴산염으로 만든 다공성 구조를 프린팅함으로써 이 문제를 해결했다. 이런 구조는 서로 연결된 기공을 가지고 있으며 세포 친화적 환경을 제공한다. 3D 프린팅된 알긴산염이 세포를 임시로 지지하는 동안 세포는 서로 쉽게 소통하고 재생을 시작할 수 있다.

연구자들은 신경 손상 및 기타 부상으로 고통받는 환자를 위한 3D 프린팅 구조물을 구현하기 위해 노력하고 있다.[5] 제작된 알긴산염 구조물이 환자에게 이식된 후 신체 조직이 가하는 힘을 견딜 수 있을 만큼 기계적 안정성을 갖출 수 있을지가 가장 큰 문제다. 우리는 알긴산염 구조물의 기계적 거동을 예측하는 새로운 수치 모델을 개발했다.[6] 우리 연구는 알긴산염 구조물의 성공 여부를 평가할 때 고려할 주요 요소인 세포 반응을 이해하는 데 기여하고 있다.

사만 나기에 Saman Naghieh

설계, 제작, 검증, 유효성 검사, 고장 모드 및 영향 분석, 시정 및 예방 조치, 프로젝트 관리 분야에서 경험이 풍부한 생의학 엔지니어(시스템 설계자 및 제조 공정 엔지니어)다. 서스캐처원대학교에서 생의학 공학박사 학위를 받았다(2020년). 첨단 제조 및 바이오프린팅을 전문으로 하며, 뼈, 연골, 신경 재생은 물론 무릎 인공관절 전치환술 임플란트 및 심장 냉동 소작 카테터 개발 분야에서 다년간 경험을 쌓았다. 연구 관심 분야는 조직공학 스캐폴드, 특히 경조직 및 연조직용 적층 제조 스캐폴드다. 연구 기간 저명 연구자로 선정되어 수많은 상을 받았다. 공학 대학원 커뮤니티 협의회 회장(2017-2018년), 서스캐처원대학교 대학원 및 박사후 과정 근로자 연합인 캐나다 공공 서비스 연합 지역 40004 회장(2017-2019년)을 역임했다.

아만다 코왈치크 Amanda Kowalczyk

장수 유전자를 찾아서

장수 및 노화 연구는 대부분 박쥐, 벌거숭이 두더지쥐, 귀신고래 등 매우 장수하는 종을 연구해 장수에 기여하는 유전적 변화를 찾는 데 집중해 왔다.

하지만 이런 연구는 인간을 포함한 다른 종에 일반화할 수 없는 종 특이적인 유전적 변화를 밝혀냈을 뿐이다. 박사 과정 학생으로서 나는 지도교수인 마리아 치키나(Maria Chikina)와 네이선 클라크(Nathan Clark)의 연구실에서 수행한 최근 연구를 포함해 수명이 복잡하고 상황에 따라 매우 의존적인 특성이라는 가설을 뒷받침하는 증거들을 연구했다. 이에 의하면 생물학자들이 노화에 대해 생각하는 방식이 달라져야 할 것이다.

노화는 인간의 문제

노화는 생물체가 오래 살수록 사망 가능성이 높아지는 과정이다. 포유류에서 노화의 특징은 DNA 분해, 줄기세포 부족, 단백질 오작동 등 여러 가지 분자적 변화다.[1]

노화의 이유를 설명하는 수많은 이론은 크게 두 가지로 나눌 수 있다. 하나는 '마모와 손상' 이론으로, 시간이 지남에 따라 필수 과정이 단순히 마모된다고 가정한다. 반면 '예정된 죽음' 이론은 특정 유전자나 과정이 노화를 유발하도록 설계되었다고 주장한다. 전통 노화 이론은 인간 중심적이며, 여러 종의 관점에서 노화를 살펴보면 인간의 노화는 독특하다는 것을 알 수 있다. 사실 동물에서 일반적인 노화 방식은 존재하지 않는다.[2]

인간은 80세 전후 초고령기에 사망률이 급격히 증가하기 전까지 낮은 사망률을 보인다. 대부분 포유류는 연령에 따른 사망률 증가가 상대적으로 적고 수명이 다할 때까지 사망률이 일정하다. 툰드라 들쥐나 노란배 마못과 같은 일부 포유류는 나이가 들어도 사망률이 거의 증가하지 않는 것으로 나타났다. 즉 노화가 생존에 영향을 미치지 않기 때문에 나이가 많은 개체와 젊은 개체의 사망률이 똑같이 높다는 것이다.

현재의 노화 이론으로는 모든 생명체는 말할 것도 없고 포유류에서 나타나는 노화의 복잡성을 설명하지 못한다. 이러한 다양성은 노화와 장수의 복잡성을 강조할 뿐만 아니라 한 종에 대해 얻은 지식을 다른 종의 수명을 늘리기 위해 적용하기 곤란하다는 점을 나타낸다.

'장수 유전자' 과잉

장수하는 종에 대한 연구는 소위 장수 유전자라고 불리는 수많은 유전자를 찾아냈다. 이 중 하나인 '인슐린 유사 성장 인자 1 수용체'(*IGF1R*)라는 유전자는 세포 성장을 촉진한다. *IGF1R*은 원래 박쥐의 장수와 관련이 있으며 벌레와 마우스의 수명도 증가시킨다. 그러나 *IGF1R*이 너무 많으면 당뇨병이나 암과 같은 노화 관련 질병이 증가할 수 있기 때문에 인간에게는 정반대의 효과가 나타날 수 있다.[3]

또 다른 잠재적 장수 유전자인 약칭 *ERCC1*은 DNA 복구를 돕는 단백질을 생성한다. 수명이 211년(한 종에서 가장 오래된 표본)으로 최장수 포유류인 향유고래는 *ERCC1* 유전자에 돌연변이가 있어서 유난히 오래 살 수 있지만 다른 장수 종에서는 공통적으로 이 돌연변이를 찾을 수 없다.[4] 코끼리는 암 예방에 필수적인 *TP53* 유전자를 19개 가지고 있지만,[5] 마우스에 *TP53* 유전자를 하나만 더 추가해도 줄기세포 재생 속도가 느려지고 노화가 가속화된다.[6]

장수 유전자는 단일 종 내에서도 일관성이 없을 수 있다. 장수한 인간에게 공통으로 나타나는 유전적 변화와 수명이 짧은 인간에게는 없는 유전적 변화를 찾는 연구에서도 마스터 장수 유전자는 발견되지 않았다. 검출된 유전자는 연구마다 대체로 일관성이 없는데, 이는 사람 중에서 '예외적으로 오래 사는 사람'이라는 하위 집단 표본과 그에 대한 정의에 크게 의존했기 때문이다.

장수 유전자를 어떻게 찾을 수 있을까?

　　내 연구는 노화 연구자들이 개별 장수 유전자를 찾아서는 안된다는 주장을 뒷받침한다.[7] 그보다 생물학자들은 장수를 조절하기 위해 함께 작용하는 유사한 기능을 가진 많은 유전자를 찾아야 할 것 같다. 또 한 종에만 초점을 맞추지 않고 많은 종에 초점을 맞추어 종 특이적 요인을 피하는 것이 효과적일 것이다.

　　나는 연구의 일환으로 61종의 포유류 게놈을 사용해 극단적인 수명 진화와 더불어 진화한 유전자를 발견하여 모든 포유류에서 보편적으로 나타나는 장수 관련 변화를 밝혀냈다. 유전자 수준에서는 장수 유전자를 거의 발견하지 못했는데, 이는 이전 연구에 비추어볼 때 모든 포유류에서 수명을 조절하는 단일 유전자는 아마도 없을 것이라는 의미가 있다.

　　그러나 큰 그림을 보고 유사한 기능을 수행하기 위해 함께 작동하는 유전자 그룹을 고려했을 때 장수와 세포주기 조절 및 프로그램된 세포 사멸에 관여하는 유전자, 면역 기능 및 DNA 복구 경로 등 암 제어 관련 경로 사이에 강력한 연관성이 있음을 발견했다. 내 연구는 노화와 장수에 대해 새로운 관점이 중요함을 강조한다.

종별 및 인간 게놈 전체에 대한 연관성 연구는 연구하는 게놈 요소와 고려하는 종 측면에서 더 광범위한 분석을 통해 보강해야 하는 한계가 있다. 한 종에서 수명을 늘리는 단일 유전자를 찾기보다는 여러 종에 걸쳐 많은 유전자로 검색 범위를 넓히면 새로운 통찰을 얻을 수 있다.

장수하는 종들 간의 유전적 유사점과 차이점을 조사하는 비교 연구들을 통해 여러 유전자에 퍼져 있고 많은 종이 공유하는 장수 관련 유전적 변화를 감지하는 힘이 반복해 입증되었다.[8]

우리 게놈에 숨겨진 젊음의 샘(건강한 수명을 늘리는 단 하나의 유전자)은 없을 수도 있지만, 나와 같은 과학자들은 언젠가 우리 모두 더 건강하게 오래 살 수 있도록 장수 연구 전략을 지속해 개선해 나가고 있다.

아만다 코왈치크 Amanda Kowalczyk

진화 유전체학 연구자로서 피부, 모발, 시력, 수명의 적응 등 인간의 건강과 관련된 광범위한 특성을 연구한다. 주로 계산적 방법을 사용해 진화 기반 데이터를 분석한다. 코왈치크는 진화에 대한 기초 과학 연구를 임상과 관련된 결과와 연결한다. 피츠버그대학교와 카네기멜론대학교가 공동으로 주최하는 CPCB 박사 프로그램을 통해 2021년 계산생물학 박사 학위를 받았다.

4부

유전학의 최전선과 윤리

2020년 노벨 화학상은 크리스퍼 개발에 기여한 공로로 제니퍼 다우드나와 엠마뉘엘 샤르팡티에게 주어졌다. 수상자를 발표하면서 노벨 화학위원회 위원장 클레스 구스타프손은 "이 기술의 엄청난 힘은 우리가 이 기술을 매우 신중하게 사용해야 함을 의미한다"[1]고 말했다. 생명공학의 힘은 종종 위험과 연관된다. 이 책의 앞선 장에서는 생명공학의 발전과 관련된 윤리적 문제를 다루었다. 이 주제는 결코 무시할 수 없으며 4부에도 전면에 등장한다.

2018년 허젠쿠이는 다음 세대에 물려줄 수 있는 형질을 가진 어린 아기 두 명의 게놈을 편집했다고 발표해 전 세계를 놀라게 했다. '크리스퍼 아기' '인공 자궁' '키메라 인간' 그리고 유전자 편집 시도를 페이스북에서 생중계하는 바이오 해커 등에 대한 뉴스가 이어지면서 '신 노릇 하기'의 윤리와 인간을 대상으로 한 실험 기술의 안전성에 대한 치열한 논쟁이 촉발되었다. 이런 사례는 의학뿐만 아니라 생명공학의 다른 많은 응용 분야에서 새로운 기술이 제기하는 많은 도덕적 문제를 암시한다. 우리의 규제 틀은 우리가 경험하고 있다시피 급속한 과학적 확장으로 인해 시대에 뒤떨어져 있다. 동시에 새로운 기술 도입은 그 기술의 기능이나 가능성에 대한 우리의 이해를 앞질렀다.

생명공학 기술을 규제하기 위한 원칙을 마련하는 것은 어려운 일이다. 각국은 안전, 윤리, 경쟁력을 고려해야 한다. 규제가 너무 엄격하면 연구자들이 해외로 이주하여 국가가 경쟁력을 잃게 되거나 허젠쿠이처럼 비밀리에 실험을 진행할 것이다. 이는 최악의 결과를 낳는다.

그렇다면 새로운 윤리 기준과 규정을 설정하는 데 있어 자금 제공자, 학술지 편집자, 정년보장위원회, 규제 당국, 철학자의 역할은 무엇이며, 이들을 감독할 책임은 누구에게 있을까? 4부의 글들은 우리의 생각을 자극하며, 논쟁의 틀을 짜고 정보를 제공하는 데 도움이 된다. 이 글들이 책 마지막 부분에 배치된 것은 그 궁극적 중요성을 반영한다.

27장

패트리샤 A. 스태플턴 Patricia A. Stapleton

시험관 아기 관점에서 본 크리스퍼

1978년 최초의 '시험관 아기'가 전 세계 뉴스의 헤드라인을 장식하면서 인간 배아 및 생식 기술 연구의 윤리에 대한 격렬한 논쟁이 시작되었다. 그 이후 획기적 기술이 개발될 때마다 '디자이너 베이비'와 '신 노릇 하기'에 대한 동일한 의문이 제기되었지만, 보조 생식 기술이 점점 더 정교해지고 강력해짐에 따라 대중의 반응은 더 격렬해지기보다는 차분해졌다.

과학이 발전함에 따라 의사들은 과거보다 더 높은 성공률로 더 복잡한 시술을 수행할 수 있게 되었다.[1] 이러한 발전으로 체외

수정(IVF) 및 관련 보조 생식 기술이 비교적 보편화되었다. 1985년 이후 미국에서 시험관 아기 시술을 통해 100만 명 이상이 태어났다. 의사가 배아를 조작한다는 개념에 익숙해지면서 미국인들은 이런 기술에 대해 더욱 수용하는 태도를 갖게 되었다.

그러나 이러한 절차가 제기하는 윤리적 문제는 여전히 남아 있으며, 실제로 유전자 편집 능력과 함께 증가하고 있다. 아직 임상 사용까지는 멀었지만, 미국 오리건주와 중국 과학자들의 실험에서[2] 인간 배아 유전자를 편집할 수 있다는 사실이 입증되어 후손에게 물려줄 DNA를 바꾸는 데 한 걸음 더 가까워졌다. 과학이 계속 발전하여 새로운 일이 벌어지기 전에 윤리적 문제를 해결해야 한다.

시험관 아기 시대

루이스 브라운(Louise Brown)은 1978년 7월 25일 영국에서 태어났다. 최초의 시험관 아기로 알려진 그녀는 난자를 여성의 몸 밖에서 정자와 수정시킨 후 자궁에 착상시키는 시험관 아기 시술로 태어났다. 시험관 아기는 불임 부모가 생물학적으로 친자 관계에 있는 자녀를 가질 수 있는 가능성을 열어주었다. 그러나 사람들은 브라운 가족에게 악의적인 증오 메일을 보냈고, 시험관 아기를 반대하는 단체들은 시험관 아기가 우생학 실험에 이용되어 모든 아기가 유전자 조작되는 디스토피아적 미래로 이어질 것이라고 경고했다.

미국의 반응은 다른 선진국 반응과는 또 다른 층위를 가지고 있었다. 배아 연구는 역사적으로 낙태 논쟁과 관련이 있다.[3] 1973년 로 대 웨이드(Roe v. Wade) 소송에서 낙태를 합법화한 대법원 판결은 인간 배아 연구를 반대하는 낙태 반대 단체를 더욱 자극했다. 배아 연구와 시술은 치명적 질병을 퇴치할 수 있다는 희망을 주지만, 과학자들은 그 과정에서 배아를 파괴할 수밖에 없다.

배아 생성과 파괴의 윤리적 영향에 대한 이러한 단체의 압력으로 의회는 1974년 시험관 아기, 불임, 산전 진단을 포함하는 배아 및 배아 조직에 대한 연방 자금 지원 임상 연구에 지급 유예를 발표했다. 오늘날까지도 이런 유형의 연구에는 여전히 연방 기금을 사용할 수 없다.

돌이켜보면 시험관 아기 시술에 대한 낙태 반대 단체의 집중적 관심과 날카로운 부정적 반응을 보도한 언론은 전체 여론을 정확하게 반영하지 못했다. 1978년 8월 여론조사 당시 미국인 대다수(60%)가 시험관 아기에 찬성했으며, 응답자의 53%는 아이를 가질 수 없다면 시험관 아기를 시도할 의향이 있다고 답했다. 당시 언론 보도는 대중에게 이 새로운 발전을 알리는 데 도움이 되었다. 그러나 루이스 브라운을 시험관 아기라고 무분별하게 낙인찍고 디스토피아적 결과를 경고한 언론 보도가 미국인들이 시험관 아기에 대해 긍정적 의견을 형성하는 것까지 막지는 못했다.

배아 연구는 도덕적 문제인가?

시험관 아기 시술이 인간에게 도입된 이후 몇 년 동안 과학자들은 난자 동결부터 착상 전 배아 유전자 검사에 이르기까지 여러 가지 새로운 기술을 개발해 환자 상태는 물론 시험관 아기 시술로 아기가 태어날 가능성까지 향상시켰다.[4] 이러한 획기적 연구 결과가 발표되자 이런 유형의 연구에서 제기되는 윤리적 문제에 대한 언론의 관심이 급증했다. 그러나 그것을 사회적·정치적·과학적으로 어떻게 진행해야 할지에 대한 합의는 아직 이루어지지 않았다.

보조 생식 기술에 대한 미국인의 일반적 의견은 여전히 긍정적이다. 반대 단체의 노력에도 불구하고 설문 조사에 따르면 미국인은 낙태 문제와 배아 연구를 분리해 생각하는 것으로 나타났다. 2013년 퓨 리서치 센터의 여론조사에 따르면, 미국인 중 12%만이 개인적으로 시험관 아기 시술이 도덕적으로 잘못되었다고 생각한다고 답했다. 이는 1978년 응답자의 28%가 '자연스럽지 않다'는 이유로 시험관 아기 시술에 반대한다고 답한 것에 비해 크게 감소한 수치다. 또 2013년 여론조사에 따르면, 시험관 아기 시술을 도덕적 문제로 생각하지 않는다고 답한 미국인이(46%) 낙태를 도덕적 문제로 생각하지 않는다고 답한 미국인에(23%) 비해 두 배나 더 많았다.[5]

우리가 주목해야 하는 이유

대부분의 미국인은 배아 연구 및 시험관 아기 시술과 같은 절차를 도덕적 문제나 도덕적으로 잘못된 것으로 생각하지 않지만, 도입되는 새로운 기술은 미국인의 실제 이해도를 훨씬 앞지르고 있다. 2007년부터 2008년까지 실시된 여론조사에 따르면 응답자의 17%만이 줄기세포 연구에 대해 "매우 잘 알고 있다"고 답했으며, "가장 두드러진 배아 연구 이슈에 대해서도 상대적으로 지식이 부족한 것으로 나타났다."[6] 미국인들은 시험관 아기 시술을 설명하는 보다 구체적인 질문을 받았을 때 난자 동결 및 보관이나 배아를 과학 연구에 사용하는 것과 같은 특정 절차에 대해서는 덜 지지하는 반응을 보였다. 크리스퍼에 대한 과학 실험이 계속되고 있음에도 불구하고 설문 조사에 따르면 미국인의 약 69%는 유전자 편집에 대해 많이 듣거나 읽지 않았고 전혀 알지 못한다고 답했다.[7] 또 유전자 편집에 대한 지지는 이 기술을 어떻게 사용할 것인가에 따라 달라진다.

미국인 대다수는 일반적으로 유전자 편집 목적이 개인 건강을 개선하거나 자녀의 쇠약성 질환 유전을 예방하는 것이라면 유전자 편집을 받아들인다. 일부 성공적 실험에서는 유전자 편집 기술을 사용해 연구자들이 심장병을 유발하는 인간 배아의 유전적 결함을 교정할 수 있었다.[8] 이런 유형의 발전은 대부분의 미국인이 지지하는 범주에 속한다.

그러나 이러한 교정에 사용되는 기술인 크리스퍼 Cas9은[9] 질병을 제거하는 것뿐만 아니라 다른 방식으로 유전자를 편집하는 데에도 사용될 수 있다. 지속적인 실험과 새로운 발전은 외모나 기타 신체적 특징의 변화와 같이 건강과 관련이 없는 것을 포함하여 유전자 편집의 많은 가능성을 열어준다.

보조 생식 기술은 지난 수십 년 동안 급속도로 발전했으며, 그 결과 전 세계적으로 500만 명 이상의 사람이 출생했다. 그러나 과학자들은 이러한 시술이 보편화된 만큼 시험관 아기 도구 키트에 크리스퍼와 유전자 편집을 통합하는 방법에 대해서는 아직 합의하지 못하고 있다. 특히 아기가 될 인간 배아의 게놈을 변경하는 것에 대한 우려가 있는데, 이는 수정된 게놈이 미래 세대에 전달될 수 있기 때문이다. 과학 위원회는 유전자 편집 사용 여부와 방법에 대해 정기적으로 재검토하여 결정해야 한다고 지적했다. 크리스퍼의 최근 혁신은 우리에게 그러한 기회를 제공한다.

우리는 오랫동안 답하지 못했던 윤리적 문제에 답하는 데 관심을 집중해야 한다. 이런 유형의 연구에 대한 경계는 어디까지인가? 크리스퍼의 윤리적 사용은 누가 결정할 수 있을까? 유전적 질환의 영향을 받는 사람들에 대해 우리는 어떤 책임을 져야 할까? 이러한 의료 시술 비용은 누가 지불해야 할까? 이 연구와 잠재적 임상 사용은 어떻게 규제될까?

지난 10년 동안 보조 생식 기술의 성공적 사용이 급증하면서 미국인들은 이러한 시술이 제기하는 윤리적 우려에 대해 탐탁지 않게 생각하게 되었다. 그러므로 유전자 편집이 시험관 아기처럼 우리에게 친숙해지기 전에 지금 이러한 문제에 관심을 갖는 것이 중요하다.

패트리샤 A. 스태플턴 Patricia A. Stapleton

랜드 연구소(RAND Corporation)의 정치 과학자. 스태플턴의 관심 연구 분야는 과학 및 기술 정책, 신흥 기술에 대한 위험 규제, 위험 평가 및 커뮤니케이션, R&D 프로그램 평가다. 과거에는 식품 안전 및 안보 맥락에서 농업 생명공학 기술과 보조 생식 기술에 사용되는 생명공학 기술의 규제를 조사했다. 뉴욕시립대학교 대학원에서 정치학 박사 학위를, 럿거스대학교에서 불어불문학 석사 학위를 받았다.

28장

제니퍼 바필드 Jennifer Barfield

세 부모 아기

불가능해 보이지 않는가? 우리는 정자와 난자가 결합할 때 아기가 만들어지고, 이 두 세포의 DNA가 결합하여 어머니(한 부모) DNA 절반과 아버지(다른 부모) DNA 절반으로 아기가 태어난다고 배웠다. 이 과정에 제3자가 어떻게 관여할 수 있을까?

세 부모 아기에 대한 개념을 이해하려면 우선 DNA에 대해 이야기해야 한다. 대부분의 사람들은 우리 몸의 모든 세포의 핵에서 발견되는, 23쌍의 염색체로 구성된 이중 나선형 DNA에 대해 잘 알고 있다. 이 DNA는 전체 생물체를 구성하고 잉태에서 죽음에 이르기까지 우리 존재를 이끄는 단백질을 조립하는 데 필요한 지침을 제공한다. 그러나 핵에 있는 DNA가 우리 존재에 필요한 유일한 DNA는 아니다. 우리 몸의 모든 세포 내부에 있는 미토콘드리아라는 작은 구획에도 DNA가 숨어 있다.

중학교와 고등학교 시절 과학 수업을 떠올려보면 미토콘드리아가 기억날 것이다. 미토콘드리아는 흔히 구불구불한 선이 그어진 콩 모양 소기관으로 세포의 발전소라고 불린다. 난자와 정자를 포함해 신체의 모든 세포가 그 기능을 수행하기 위해서는 에너지가 필요하다. 미토콘드리아 DNA(mtDNA)가 작동하지 않는 세포는 연료가 없는 자동차와 같다.

핵 DNA와 달리 mtDNA는 남성과 여성의 DNA가 결합하여 생성되지 않는다. 대부분 미토콘드리아는 어머니로부터만 유전되므로, 수정란에 있는 미토콘드리아는 성장하는 동안 그리고 평생 우리 몸의 모든 세포에서 복제된다. 핵 DNA와 마찬가지로 미토콘드리아도 돌연변이를 일으켜 치명적이거나 소모성 질병을 유발할 수 있으며, 결함이 있는 미토콘드리아를 가진 여성은 불임이 될 수 있다.

세 번째 부모를 개입시켜 보자

세 번째 부모

2016년 진행성 신경 대사 장애인 리 증후군(Leigh Syndrome)을 유발하는 mtDNA 돌연변이의 결과로 어려움을 겪던 부부에게서 아기가 태어났다.[1] 여성 난자의 결함이 있는 미토콘드리아를 돌연변이가 없는 기증자의 미토콘드리아로 대체한 결과 아기는 여성 핵 DNA 기증자, 남성 핵 DNA 기증자, 여성 mtDNA 기증자 등 세 사람의 DNA를 모두 가지고 태어났다. 이 기술을 사용해 태어난 첫 번째 아기다.

미토콘드리아 대체라고 불리는 이 기술은 장기 이식 또는 세포 소기관 이식과 비슷하게 생각할 수 있다. 그러나 입법자들의 우려를 불러일으킬 몇 가지 중요한 차이점이 있어 2015년 미국에서는 미토콘드리아 교체가 금지되었다.[2]

장기 이식과 달리 미토콘드리아 교체의 효과는 미래 세대의 자손에게까지 지속된다. 또 미토콘드리아 교체는 심장 이식 후 심혈관계에 발생하는 것과 같이 한 신체 시스템에만 영향을 미치는 것이 아니라 신체의 모든 조직에 영향을 미친다.

그럼에도 불구하고 기증된 미토콘드리아는 자연적으로 발생하여 이미 우리 집단에 존재하고 있다. 미토콘드리아는 유전적으로 조작되거나 어떤 방식으로도 변형되지 않았다. 따라서 미토콘드리아가 제대로 기능하는 한, 자연적으로 발생하는 돌연변이가 자연적으로 발생할 위험 이외에 건강 측면에서 자손에게 입증된 위험은 없지만, 이 점이 논쟁을 불러일으킨다.[3]

2016년부터 이러한 세 부모 시술이 얼마나 많이 이루어졌고 얼마나 많이 임신에 성공했는지 말하기는 어렵지만, 현재 많은 국가에서 이 기술의 사용 여부와 사용 방법을 모색하고 있다. 금지

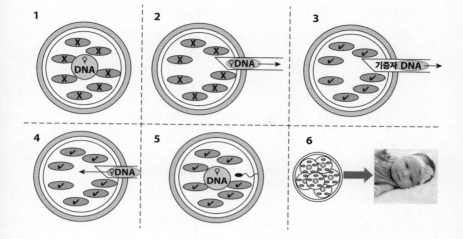

세 부모 아기를 만드는 방법. (1)어머니의 난자에는 핵(원)에 반수체 DNA와 결합이 있는 미토콘드리아(X가 있는 타원형)가 있다. (2)작은 피펫을 사용해 DNA가 들어 있는 핵을 어머니 난자에서 제거한다. (3)미토콘드리아 기증 난자의 핵이 제거되고 건강한 미토콘드리아(체크 표시가 있는 타원형)만 남는다. (4)모체의 DNA가 건강한 미토콘드리아와 함께 기증자 난자로 옮겨진다. (5)그 결과 어머니의 핵 DNA와 미토콘드리아 기증자의 미토콘드리아 DNA를 가진 난자가 만들어지며, 이 난자는 아버지의 정자와 수정될 수 있다. (6)배아 발달 과정에서 세포가 복제됨에 따라 각각의 새로운 세포는 핵에 어머니와 아버지의 이배체 DNA와 기증자의 복제된 미토콘드리아 및 미토콘드리아 DNA를 결합하게 된다. 수정은 핵 DNA가 기증자 난자로 옮겨지기 전이나 후에 일어날 수 있다. 수정이 이전에 일어나는 경우, 기증자의 DNA가 제거된 후 어머니와 아버지의 DNA가 모두 미토콘드리아 기증자 난자로 옮겨진다. 이 모식도와 같이 이후에 발생하면 어머니의 DNA가 기증자 난자에 전달된 후 난자가 수정된다.

조치로 인해 미국에서는 사용이 중단되었지만, 예를 들어 영국에서는 이를 승인하는 등 다른 국가에서는 다른 결정을 내렸다.

미토콘드리아 기증자는 부모일까?

그렇다면 미토콘드리아를 기증한 여성은 부모가 될 가능성이 얼마나 될까?

많지 않다고 간단히 대답할 수 있다. 체내 단백질의 99% 이상은 세포핵의 DNA에 의해 암호화된다. 예를 들어, 머리 색깔, 눈 색깔, 키와 같은 형질은 모두 핵 DNA에 의해 암호화되는 반면, mtDNA가 담고 있는 유전자는 주로 에너지 생산 및 대사와 관련이 있다.[4]

따라서 세 부모 아기는 첫 번째 세포의 핵에서 23개의 염색체를 생성하기 위해 결합한 남성의 정자와 여성의 난자를 제공한 남성과 여성을 닮게 된다. 세 부모 아기의 탄생을 알리는 뉴스가 계속 등장할 가능성이 높기 때문에 사람들이 이러한 차이점을 이해하는 것이 중요하다. 기본 과학에 대한 이해가 없다면 세 부모 아기의 의미에 대한 추측이 난무할 수 있다.

한 가지 확실한 것은 미토콘드리아 DNA의 돌연변이로 인한 불임으로 어려움을 겪고 있거나 심각한 미토콘드리아 결함이 유전될 가능성이 있는 여성에게 이 새로운 기술은 언젠가 제삼자의 도움을 받아 자신과 파트너를 유전적으로 닮은 건강한 아이를 가질 수 있다는 희망을 줄 수 있다는 것이다.

제니퍼 바필드 Jennifer Barfield

콜로라도 주립대학교 조교수이며 동물 과학과 보존 생물학에 대한 배경지식을 보유하고 있다. 현재 그의 연구실에서는 대형 동물에 초점을 맞춘 비교 보조 생식 기술(ART)을 연구한다. 바필드는 ART를 사용해 옐로스톤 유전자를 가진 들소를 콜로라도 북부의 공공 공간으로 돌려보낸 래러미 산기슭 들소 보존 무리(Laramie Foothills Bison Conservation Herd)의 과학 연구를 이끌고 있다. 또 인간 불임, 동물 생식 및 보존 분야에서 경력을 쌓을 미래의 배아 학자 및 생식 전문가를 양성하는 1년 과정의 비논문 석사 프로그램을 만들어 지도하고 있다.

29장

크리스토퍼 J. 프레스턴 Christopher J. Preston
트린 안톤센 Trin Antonsen

유전자 편집 식품 평가를 위한
유연한 도구

이제 유전자 조작으로 작물을 재배하여 사람들이 천연 식품이라고 믿을 수 있는 식품을 만들 방법이 있을까?

유전자 편집 기술은 이러한 가능성을 제공할 수 있을 것 같다. 게놈 편집은 다른 종의 유전자를 도입하지 않고도 생물체의 유전 물질, 즉 게놈을 변경할 수 있기 때문에 다른 종의 유전자인 '형질 전환유전자'(transgene)를 추가한 생물체에 따라붙는 대부분의 윤리적·규제적 우려를 피할 수 있다고 주장한다.[1] 일부에서는 이러한

'시스제닉'(cisgenic, 동종 유전자를 사용하여 만든–옮긴이) 제품이 유기농으로 간주될 만큼 자연적이라고 주장하기도 한다.

게놈 편집을 지지하는 사람들은 거의 진화에 가까운 변화를 일으킬 수 있다고 말한다. 하지만 이러한 변화는 인내심을 가지고 기다릴 수만 있었다면 자연적인 과정을 통해 저절로 일어났을 수도 있다. 예를 들어 역병에 강한 감자를 재래식으로 육종하는 것은 이론적으로는 가능하지만 시간이 많이 걸린다.

기술이 인간과 자연의 관계를 어떻게 변화시키는지 연구하는 윤리학자로서 나는 게놈 편집 윤리를 옹호하는 사람들의 생각을 이해할 수 있다. '종의 경계를 넘나드는가'가 기술의 '자연성' 여부를 가늠하는 척도라면, 게놈 편집은 자연성 테스트를 통과한 것처럼 보인다. 그러나 종의 적응 속도를 높일 수 있다는 장점은 이해하지만, '시스제네시스'(cisgenesis) 개념에 의존하는 윤리는 적절하지 않다고 생각한다. 대신 더 바람직하게 적용할 수 있는 윤리적 렌즈를 제안한다.

자연성과 종의 경계

우리 연구는 유전자 편집이 식품에 대한 우리의 생각을 어떻게 바꿀 수 있는지 연구하는 노르웨이 연구위원회의 지원을 받는 4년 프로젝트의 일부다. 이 프로젝트는 노르웨이, 영국, 미국의 대학 및 과학 연구소의 연구자들이 모여 유용한 새로운 작물을 생산하기 위한 다양한 기술을 비교한다.

　이 프로젝트는 개발 중인 작물의 안전성에 초점을 맞추고 있지 않으며, 이는 분명 자체적으로 과학적인 조사가 필요한 부분이다. 새로운 식품을 개발할 때 인간의 안전과 환경의 건강은 윤리적으로 매우 중요하지만 다른 윤리적 문제도 고려해야 한다. 유전자 변형 생물체에 대한 반대가 안전성을 훨씬 뛰어넘는다는 점을 생각해 보자. 식량 주권의 윤리적 문제는 농민의 선택권, 기업의 과도한 영향력, 경제 안보 및 기타 우려에 걸쳐 광범위하게 적용된다. 유전자 변형 생물체가 윤리적으로 수용되기 위해서는 안전성보다 훨씬 더 높은 기준을 통과해야 한다.

　유전자 편집이 세계 인구 증가, 기후 변화, 화학 살충제 남용 등으로 인한 농업 문제를 해결할 가능성이 있다고 믿지만, '종간 교배'와 '자연성'만을 기준으로 한 윤리적 분석은 적절하지 않다고 생각한다. 이런 이유로 유전자 편집 식품을 윤리적이라고 선언하는 것이 유전자 편집 비판자들을 모두 만족시키지 못한다는 점은 이미 분명해졌다. 유전자 편집에 신중한 분자생물학자 리카르다 스타인브레처(Richarda Steinbrecher)는 "DNA 서열이 밀접한 근연종에서 유래했는지 여부는 중요하지 않으며, 유전공학 과정은 형질 전환과 마찬가지로 동일한 위험과 예측 불가능성을 수반한다"라고 썼다.[2]

　이런 종류의 의견은 종 계통에 대한 논의가 신뢰할 수 없는 지침임을 시사한다. 종과 아종의 경계를 구분하는 것은 매우 어렵다. 찰스 다윈도 이 점을 인정했다. "나는 종이라는 용어가 편의를 위해 서로 매우 닮은 개체의 집합에 임의로 부여된 것으로 본다."[3]
2005년 판《세계 포유류 종》(*Mammal Species of the World*)은 미국 퓨마 열두 개 아종을 모두 퓨마 콘컬러(*Puma concolor*)라는 하나의 종으로 통합함으로써 이러한 자의성을 인정했다. 2017년 고양이 분류 태스크포스(Cat Classification Take Force)는 고양이과를 다시 개정했다.

종의 경계를 확정할 수 없다면, 그 선을 넘지 않았다는 이유로 자연성을 주장하는 것은 일관성이 없는 지침일 수 있다. 이러한 명확성의 부족은 중요하다. 왜냐하면 윤리적 허가를 너무 일찍 내리면 곧 규제적 허가로 이어질 수 있으며, 이는 농산물 생산자와 소비자 모두에게 광범위한 영향을 미칠 수 있기 때문이다.

온전성 렌즈

우리는 육종 기술이 변경되는 생물체의 온전성(integrity)을 어떻게 방해하는지 묻는 것이 더 신뢰할 만한 윤리적 척도라고 생각한다. 온전성이라는 용어는 이미 환경윤리, 생태학,[4] 세포생물학,[5] 인간 간 윤리, 유기농업,[6] 유전학에 적용되고 있다.[7] 이 모든 영역에서 통일된 주제는 온전성이 생물체, 세포, 게놈 또는 생태계에 대한 일종의 기능적 온전성을 가리킨다는 것이다. 온전성을 유지한다는 개념은 생명체와 그 구성 요소에 지나치게 간섭하기 전에 신중해야 한다는 핵심적 직관을 따른다.

온전성 렌즈는 유전자 편집 윤리가 형질 전환을 이용하는 유전자 변형 윤리와 근본적으로 다르지 않을 수 있는 이유를 명확하게 설명한다. 유전자 편집 성분은 여전히 세포벽을 관통한다. 과학자가 선택한 부위에서 생물체의 게놈이 절단되고, (희망하는 대로) 생물체에 원하는 변화를 가져올 수 있는 복구가 시작된다. 원하는 형질을 위해 작물이나 기타 식품의 유전자를 편집하는 기술과 관련하여 온전성은 여러 수준에서 훼손되며, 종간 교배와는 아무런 관련이 없다. 온전성 렌즈는 자연성이나 종의 경계를 논하는 것으로 윤리가 해결되지 않는다는 점을 분명히 한다.

서로의 온전성에 대한 협상은 인간 대 인간 관계에서 필수적인 부분이다. 생명공학 분야의 윤리적 관행으로 채택된다면 정책 결정에서 다양한 윤리적·생태적·문화적 우선순위를 수용하려는 시도에 더 나은 지침을 제공할 수 있다.[8] 온전성을 논의하는 중심 윤리는 더 유연하고 분별력 있는 틀을 약속한다.[9]

새로운 육종 기술이 식량에 대한 새로운 윤리 논쟁을 야기함에 따라 윤리적 기준 또한 재정비할 필요가 있다고 생각한다. 종 교배에 대해 이야기하는 것만으로는 충분하지 않다. 다윈이 유전자 편집에 대해 알았다면 동의했을 것이라고 생각한다.

크리스토퍼 J. 프레스턴 Christopher J. Preston

미줄라에 있는 몬태나대학교 환경철학 교수. 주로 신흥 기술, 야생동물, 젠더 윤리에 대해 연구한다. 여러 상을 받은 저서 《합성 시대: 진화를 초월한 설계, 종의 부활, 그리고 우리 세계의 재설계》(*The Synthetic Age: Outdesigning Evolution, Resurrecting Species, and Reengineering Our World*, 2018)는 6개 언어로 번역되었다. 속편 《끈질긴 짐승들: 동물에 대한 우리 생각을 바꾸는 야생동물 회복》(*Tenacious Beasts: Wildlife Recoveries That Change Our Thoughts About Animals*)은 2023년에 출간되었다. 미국 국립과학재단, 템플턴재단, 코네재단(핀란드)이 그의 연구를 지원했다.

트린 안톤센 Trin Antonsen

노르웨이 연구센터(NORCE) 기후 및 환경 부서 선임 연구원. 오슬로대학교에서 철학 박사 학위를 받았다. 안톤센은 인간과 자연과의 관계, 자연에 대한 우리 인식이 게놈 편집과 같은 새로운 생명공학 기술에 어떻게 영향을 미치고 영향을 받는지 이해하기 위해 노르웨이 연구위원회에서 자금을 지원하는 ReWrite 프로젝트(2018-2023년)를 관리했다. 안톤센은 바이오 안전성을 위한 국가 역량 센터인 NORCE의 유전자 기술, 환경 및 사회 연구 그룹에서 생명공학의 윤리적·법적·사회적 측면에 대한 연구를 조정한다.

30장

사호트라 사카르 Sahotra Sarkar

실험실 배양 배아와
인간-원숭이 잡종

올더스 헉슬리의 1932년 소설 《멋진 신세계》에서 사람은 어머니 자궁에서 태어나지 않는다. 대신 배아는 인공 자궁에서 배양되어 세상에 나올 때까지 배아 발생이라는 과정을 거친다. 소설에서 부화장을 담당하는 기술자들은 태아에게 공급하는 영양분을 조작해 신생아를 사회의 욕구에 맞게 만든다. 두 가지 중요한 과학 발전은 올더스 헉슬리가 상상했던 기능적으로 제조된 사람들로 이루어진 세계가 더 이상 억지스럽지 않다는 것을 시사한다.

2021년 3월 17일, 이스라엘의 한 연구팀은 유리병과 같은 인공 자궁에서 전체 임신 기간의 절반에 해당하는 11일 동안 마우스 배아를 성장시켰다고 발표했다.[1] 이 실험 전에는 누구도 자궁 밖에서 이 정도까지 임신이 진행된 포유류 배아를 키워본 적이 없었다. 그러던 중 2021년 4월 15일, 미국과 중국 연구팀은 세계 최초로 인간과 원숭이 세포가 모두 포함된 배아를 장기가 형성되기 시작하는 단계까지 성장시켰다고 발표했다.[2]

철학자이자 생물학자로서 나는 연구자들이 이 연구를 어디까지 진행해야 하는지 묻지 않을 수 없다. 키메라(생물체가 섞인 생물을 일컫는 말)를 만드는 것이 생체 외 발생(ectogenesis)보다 윤리적으로 더 위험해 보일 수 있지만, 윤리학자들은 이것의 의학적 이점이 윤리적 위험보다 훨씬 크다고 생각한다. 생체 외 발생은 키메라만큼 면밀하게 검토되지는 않았지만, 개인과 사회에 광범위한 영향을 미칠 수 있다.

인공 자궁에서 자라는 생명체

1970년대 후반 체외수정(IVF)이 처음 등장했을 때 언론은 이를 '시험관 아기'라고 불렀지만, 실제와는 전혀 다른 말이다. 이 배아는 의사가 배양 접시에서 난자를 수정시킨 후 하루나 이틀 안에 자궁에 이식된다.

이스라엘의 실험 이전에는 배아에 충분한 산소를 공급하는 것이 너무 어려웠기 때문에 연구자들은 마우스 배아를 자궁 밖에서 나흘 이상 키우지 못했다. 이스라엘 연구팀은 천천히 회전하는 유리병과 대기압을 제어해 태반을 모방하고 산소를 공급하는 시스템을 개발하는 데 7년을 보냈다. 이 개발은 생체 외 발생을 향한 중요한 단계로서, 과학자들은 이제 출산할 때까지 마우스의 발달을 자궁 밖에서 더 연장할 수 있으리라고 기대한다. 이를 위해 새로운 기술이 필요하겠지만, 현재로서는 얼마나 더 큰 태아를 수용할 수 있는가 하는 규모의 문제다. 이것은 장기 형성을 지원하는 것과 같이 완전히 새로운 것을 알아내는 것보다 더 간단하게 극복할 수 있는 문제로 보인다.

이스라엘 연구팀은 이 기술을 인간 배아의 배양에 적용할 계획이다. 마우스와 인간의 발달 과정이 비슷하기 때문에 연구팀은 인공 자궁에서 인간 배아를 성장시키는 데 성공할 가능성이 높다. 하지만 그렇게 하려면 윤리 위원회의 허가를 받아야 한다.

유전자를 자르고 붙여 넣을 수 있는 기술인 크리스퍼를 통해 과학자들은 이미 수정 후 배아의 유전자를 조작할 수 있다. 올더스 헉슬리의 세계처럼 태아를 자궁 밖에서 키울 수 있게 되면 연구자들은 태아의 성장 환경을 수정해 부모가 없는 이 아기의 신체적·행동적 특성에 영향을 줄 수 있을 것이다.[3] 자궁 밖 태아 발달과 출산이 현실이 되기까지는 아직 갈 길이 멀지만, 연구자들은 점점 더 목표에 접근하고 있다. 이제 문제는 인류가 이 길을 어디까지 가야 하는가다.

인간과 원숭이 잡종

인간과 원숭이 잡종은 인공 자궁에서 태어난 아기보다 훨씬 더 두렵게 보일 수 있다. 하지만 이 연구는 윤리적 지뢰밭이라기보다는 중요한 의학 발전을 향해 진일보한 것이다. 과학자들이 원숭이나 다른 동물에서 인간 세포를 배양할 수 있게 된다면 인간의 장기도 배양할 수 있을 것이다.[4] 이렇게 되면 전 세계적으로 이식이 필요한 사람들의 장기 부족 문제를 해결할 수 있다.

그러나 인간 세포를 다른 동물의 배아에서 오랫동안 유지하는 것은 매우 어려운 것으로 입증되었다. 인간-원숭이 키메라 실험에서 한 연구팀은 필리핀원숭이의 배아에 25개의 인간 줄기세포를 이식했다. 그런 다음 연구진은 이 배아를 배양 접시에서 20일 동안 성장시켰다. 15일이 지나자 대부분의 배아에서 인간 줄기세포가 사라졌다. 그러나 20일간의 실험이 끝났을 때에도 3개의 배아에는 여전히 인간 세포가 남아 있었는데, 이 세포는 배아에 삽입된 부위의 일부로 성장한 상태였다. 이제 과학자들의 과제는 키메라 배아에서 인간 세포를 더 오래 유지하는 방법을 알아내는 것이다.

기술 규제

일부 윤리학자들은 연구자들이 충분한 준비 없이 키메라의 미래를 서두른다고 우려한다. 이들의 주요 관심사는 인간과 비인간

세포가 포함된 키메라, 특히 인간 세포가 원숭이의 뇌와 같은 민감한 영역에 통합되는 경우의 윤리적 지위다. 그런 생명체는 어떤 권리를 가질 수 있을까?

하지만 잠재적인 의학적 혜택이 이 연구의 단계적 확장을 정당화할 수 있다는 공감대가 형성되고 있는 것 같다. 많은 윤리학자들이 이 연구가 어느 정도까지 진행되어야 하는지에 대한 적절한 규제를 논의하기 위해 공개적 토론을 촉구하고 있다. 제안된 해결책 중 하나는 대부분의 장기 형성이 이루어지는 임신 초기로 배아의 성장을 제한하는 것이다. 연구자들이 이 배아를 미발달 장기를 적출할 수 있는 단계 이상으로 성장시킬 계획이 없다는 점을 고려할 때, 나는 키메라가 올더스 헉슬리 세계의 실제 시험관 아기들보다 윤리적으로 문제가 있다고 생각하지 않는다.

윤리학자 중 생체 외 발생을 이용해 사회적 욕구에 맞는 인간을 조작할 수 있는 가상의 능력에 대해 문제를 제기한 사람은 거의 없다. 연구자들은 아직 인간 배아 발생에 대한 실험을 수행하지 않았으며, 현재로서는 배아를 출산까지 유지할 수 있는 기술이 부족하다. 하지만 규제가 없다면, 지금 악명 높은 허젠쿠이가 안전성과 바람직함을 제대로 평가하지 않고 인간 아기를 편집하기 위해 크리스퍼를 사용한 것처럼 연구자들이 인간 배아를 대상으로 이러한 기술을 시도할 가능성이 높다고 생각한다. 기술적으로 포유류 배아를 체외에서 출산하는 것은 시간 문제다.

오늘날 사람들은 체외수정에 대해 불편함을 느낄 수 있지만, 시험관 아기 시술과 마찬가지로 이러한 불편함은 익숙해질 수 있다. 그러나 과학자들과 규제 당국은 부모 없는 인간을 조작할 수 있는 과정을 허용하는 것이 과연 현명한 일인지 심사숙고해야 할 것이다. 비판자들이 경고했듯이, 크리스퍼 기반 유전자 강화의 맥락에서 사회적 욕구를 충족하기 위해 미래 세대를 변화시키려는 압력은 권위적 국가에서 비롯된 것이든 문화적 기대에서 비롯된 것이든 상관없이 불가피하고 위험할 것이다.[5] 올더스 헉슬리의 상상 속에서는 국가가 운영하는 부화장에서 필요에 따라 동일한 사람을 대량으로 키운다. 분명 오늘날 세상과는 다른 세상이었을 것이다.

사호트라 사카르 Sahotra Sarkar

텍사스대학교 오스틴 캠퍼스 철학과 및 통합생물학과 교수. 컬럼비아대학교에서 학사 학위를, 시카고대학교에서 석사 및 박사 학위를 받았다. 사르카 교수는 과학의 역사와 철학, 환경 철학, 보존 생물학, 질병 생태학을 전문으로 연구한다. 저서로 《유전학과 환원주의》(*Genetics and Reductionism*, 1998), 《생물다양성과 환경철학》(*Biodiversity and Environmental Philosophy*, 2005), 《다윈을 의심하는가? 진화에 대한 창조론적 설계》(*Doubting Darwin? Creationist Designs on Evolution*, 2007), 《환경 철학》(*Environmental Philosophy*, 2012), 《체계적 보존 계획》(*Systematic Conservation Planning*, 2007) 등이 있고, 주로 철학과 보존 생물학 분야에서 250편 이상의 논문을 저술하거나 공동 집필했다. 그의 최신 저서 《잘라 붙이기 유전학: 크리스퍼 혁명》(*Cut-and-Paste Genetics: A CRISPR Revolution*)은 2021년 9월에 출간되었다.

31장

A. 세실 J. W. 얀센스A. Cecile J. W. Janssens

디자이너 베이비
가능성

아담 내쉬(Adam Nash)가 아직 실험실 접시 속 배아였을 때 과학자들은 그의 DNA를 검사해 그의 누이 몰리가 앓고 있던 희귀 유전성 혈액 질환인 판코니 빈혈(Fanconi anemia) 여부를 확인했다.[1] 또 그의 DNA에서 몰리와 같은 조직 유형을 공유하는지를 알려주는 마커가 있는지 확인했다. 몰리의 부모는 줄기세포 치료를 위해 일치하는 기증자가 필요했다. 아담은 탯줄의 줄기세포가 여동생을 살릴 수 있는 치료법이 되기 위해 잉태되었다.

아담 내쉬는 원하는 형질을 선택하는 기술인 착상 전 유전자 진단을 통해 체외수정을 거쳐 2000년에 태어난 최초의 디자이너 베이비다. 언론은 부모의 동기에 공감하며 이 이야기를 다루었지만, "눈 색깔, 운동 능력, 아름다움, 지능, 키, 비만 성향 차단, 특정 정신 및 신체 질환으로부터의 자유 보장 등 이 모든 것이 미래에 디자이너 아기를 갖기로 결정한 부모에게 제공될 수 있다는 점을 독자에게 상기시키지 않았다."[2]

디자이너 베이비는 새로운 생식 기술이나 개입이 있을 때마다 예견되는 미래로서, 우리가 원하지 않아야 할 존재로 불렸다. 하지만 그런 아기는 태어나지 않았고, 앞으로도 태어나지 않을 것 같다. 놀랍지 않다.

나는 여러 유전자와 생활 습관 요인의 상호작용으로 인해 발생하는 복잡한 질병과 인간 형질의 예측에 관해 연구한다. 이 연구에 따르면, 유전학자들은 점괘처럼 유전자 암호를 읽어 누가 평균 이상의 지능이나 운동 능력을 가질지 예측할 수 없다. 여러 유전자와 생활 습관 요인으로 인해 발생하는 이러한 특성과 질병은 DNA만으로는 예측할 수 없으며 설계할 수도 없다.[3] 지금도 그렇고 앞으로도 그럴 가능성이 매우 높다.

디자이너 베이비 등장 예고

체외수정(IVF)으로 탄생한 최초의 아기인 루이스 브라운이 태어난 1978년, "부모가 자녀의 성별과 특성을 선택할 수 있는 멋진 세상"을 향한 다음 단계로 디자이너 베이비가 불가피하게 등장하리라고 예고되었다.[4] 1994년 59세의 영국 여성이 이탈리아의 불임 클리닉에서 기증된 난자를 자궁에 이식해 쌍둥이를 출산함으로써 자연의 한계를 뛰어넘는 데 성공했을 때에도 동일한 상황이 발생했다. 1999년 버지니아주 페어팩스의 한 불임 클리닉에서 남아에게만 발생하는 질병을 선별하기 위해 배아의 성별을 선택했을 때도 같은 반응이 나타났다.

21세기는 새로운 발전을 가져왔다. 2013년 23andMe(미국 유전자 분석 기업 – 옮긴이)가 두 부모의 DNA를 기반으로 아기의 형질 가능성을 예측하는 도구에 대한 특허를 받으면서 디자이너 베이비 특허 문제가 제기되었다. 2016년 영국에서 시험관 아기 시술을 통해 임신하려는 부부에게 건강한 미토콘드리아를 기증할 수 있도록 허용하여 부모가 세 명으로 늘어나자, 부자연스러운 아이에 대한 두려움이 다시 커졌다. 2018년에는 뉴저지주에 본사를 둔 게놈 프리딕션(Genomic Prediction, 미국 생명과학 회사 – 옮긴이)이 배아 DNA 검사 패널을 통해 여러 유전자로 인해 발생하는 제2형 당뇨병과 심장병 같은 복합 질환의 위험도 평가할 수 있다고 발표하면서 지능이나 운동 능력이 뛰어난 아기를 공학적으로 만드는 것에 대한 두려움이 고조되기도 했다. 그해 말 홍콩에서 열린 제2차 인간 게놈 편집 국제 정상회의에서 허젠쿠이가 쌍둥이 여아의 DNA를 성공적으로 편집했다고 발표하면서 같은 문제가 다시 불거졌다.

우려와 두려움의 대상이었던 디자이너 베이비의 출현은 기술로 실현되지 않았다. 수십 년 동안 '바람직한' 형질과 기술이 허용된다면 부모가 이러이러한 형질을 선택하기를 원할 것이라는 동일한 가정을 두고 동일한 이야기를 해왔다. 그러나 이러한 형질이 배아에서 선택되거나 편집될 수 있을 정도로 전적으로 우리 유전자의 산물인지에 대해 의문을 제기하는 사람은 아무도 없는 것 같다. 초창기에는 디자이너 베이비에 대한 궁금증과 걱정을 이해할 수 있었다. 그러나 현재까지 이러한 두려움이 반복되는 까닭은 DNA와 그것이 암호화하는 유전자가 어떻게 작동하는지에 대한 일반적 이해가 부족하기 때문이다.

유리한 형질 설계는 간단하지 않다

예외가 있긴 하지만 일반적으로 DNA가 사람마다 다른 것은 DNA 돌연변이와 DNA 변이라는 두 가지 방식 때문이다.

돌연변이는 헌팅턴병이나 낭포성 섬유증과 같은 희귀 질환을 유발하며, 이는 단일 유전자에 의해 발생한다. *BRCA* 유전자의 돌연변이는 여성의 유방암 및 난소암 위험을 크게 증가시킨다. 이런 돌연변이가 없는 배아를 선택하면 이러한 암의 주요 원인이 제거되지만, *BRCA* 돌연변이가 없는 여성도 다른 원인으로 인해 유방암이나 난소암에 걸릴 수 있다.

변이(variation, 유전적 차이 또는 유전자 발현에 영향을 미치는 환경 요인에 의해 개체·세포·집단 사이에서 나타나는 차이-옮긴이)는 돌연변이보다 더 널리 퍼져 있으며, 일반적인 형질 및 질병과 관련된 유전자 암호의 변화다. DNA 변이가 있으면 특정 형질을 보유하거나 질병에 걸릴 확률이 높아질 수 있지만, 변이가 질병을 결정하거나 유발하지는 않는다. 연관성(association, 표현형 특성을 가진 하나 이상의 유전자형 집단 내에서 예상보다 더 자주 발생하는 유전적 공동 출현-옮긴이)이란 대규모 집단을 대상으로 한 여러 연구에서 해당 형질이 없는 사람보다 있는 사람에게서 DNA 변이가 더 자주 발견되지만, 그 빈도가 약간 더 높은 경우가 많음을 의미한다. 이런 변이는 형질을 결정하지는 않지만 다른 DNA 변이 및 양육 환경, 생활 방식 및 기타 환경 특징과 같은 비유전적 영향과 상호 작용하여 발현 가능성을 높인다. 배아에서 이러한 형질을 설계하려면 여러 유전자의 여러 DNA를 변경해야 할 뿐만 아니라 관련 환경 영향도 조율해야 한다. DNA를 자동차 운전에 비유해 보자. DNA 변이는 펑크 난 타이어나 고장 난 브레이크처럼 어디를 운전하든 운전을 어렵게 만드는 기술적 문제와 같다. DNA 변이는 자동차 모델과 같아서 운전 경험에 영향을 미치고 시간이 지남에 따라 문제를 일으킬 수도 있다. 예를 들어, 한여름 화창한 오후에 할리우드 선셋대로를 달릴 때는 컨버터블을 타는 것이 즐겁지만, 눈보라가 몰아치는 겨울 고개를 넘을 때는 지붕이 없는 오픈카가 고통스러울 수 있다. 자동차의 한 기능이 장점이 될지 아니면 단점이 될지는 상황에 따라 다르며, 그 기능이 모든 상황에서 이상적일 수는 없다.

또 다른 장애물

대부분의 DNA 돌연변이는 질병을 유발하는 것 외에 다른 역할을 하지 않지만, DNA 변이는 많은 질병과 형질에서 중요한 역할을 할 수 있다. *MC1R* '붉은 머리카락' 유전자 변이를 예로 들면, 아이가 붉은 머리카락을 가질 확률이 높아질 뿐만 아니라 나중에 피부암에 걸릴 위험도 높아진다. 또는 다양한 암, 파킨슨병, 알츠하이머병의 위험과도 관련이 있는 *OCA2* 및 *HERC2* '눈 색깔' 유전자의 변이를 예로 들 수 있다. 물론 이런 연관성은 집단유전학 연구에서 발견된 통계적 연관성이며, 추가 연구를 통해 더 명확히 확인될 수도 있고 그렇지 않을 수도 있다. 그러나 메시지는 분명하다. '바람직한' 형질을 위해 DNA 변이를 편집하면 과학자들이 아직 알지 못하는 많은 부작용이 발생할 수 있다는 것이다.

허젠쿠이의 유전자 편집 아기들에게도 이런 가능성을 고려할 수 있다. 허젠쿠이는 아기를 HIV 감염에 저항력을 갖도록 만들려고 시도함으로써 웨스트나일 바이러스나 인플루엔자 감염에 대한 취약성을 증가시켰을 수 있다.[5]

분명 지능, 운동 능력, 음악성과 같은 복잡한 특성은 선택하거나 설계할 수 없지만, 뚜렷한 과학적 근거가 없더라도 이러한 특성을 제공하려는 기회주의자가 있을 것이다. 게놈 프리딕션 공동 설립자인 스티븐 슈(Stephen Hsu)가 여러 유전자를 기반으로 한 질병 발병 위험인 다유전자 위험에 대해 배아를 검사하는 것을 두고 한 말을 생각해 보자. "사람들이 이것을 요구할 것이라고 생각한다. 우리가 하지 않으면 다른 회사가 할 것이다."[6] 그리고 그는 또 이렇게 말했다. "누군가, 어딘가에서 이 일을 하는 사람이 있을 것이다. 내가 아니라면 다른 누군가가 할 것이다."[7] 이처럼 무책임하고 비윤리적인 DNA 검사 및 편집으로부터 사람들을 보호해야 한다.

　　과학은 생식 기술에 놀라운 발전을 가져왔지만 디자이너 베이비의 실현에는 한 걸음도 다가서지 못했다. 일반적인 형질과 질병의 기원은 너무 복잡하고 서로 얽혀 있어 원치 않는 영향을 주지 않으면서 DNA를 수정하는 것은 기술이 아니라 생물학에 의해 좌우된다.

세실 얀센스 A. Cecile J. W. Janssens

경제학, 심리학, 역학 전공으로 석사, 석사, 박사 학위를 받았다. 에모리대학교 롤린스공중보건대학원에서 역학 연구 교수로 재직했다. 얀센스의 연구는 연구 방법론에 중점을 두었으며, 특히 일반 질병과 특성의 (유전적) 예측에 관심을 가졌다. 네덜란드 신문 NRC와 〈네덜란드 의학 저널〉(*Nederlands Tijdschrift voor Geneeskunde*) 칼럼니스트로 활동했다. 2022년 9월에 세상을 떠났다.

32장

게리 새모어 Gary Samore

생물무기 연구의 위험성

과학자들은 '유전자 스플라이싱'(gene splicing, 유전자 이어 맞추기—옮긴이) 기술로 생물체의 유전자 구성을 수정하는 획기적 전기를 마련했다. 이 연구에는 치명적인 생물학적 무기를 만드는 데 사용될 수 있는 의학 연구용 생명공학 병원체도 포함된다. 중국 우한 바이러스 연구소에서 생명공학적으로 만들어진 신종 코로나바이러스(SARS-CoV-2)가 실험실의 실수로 '탈출'하여 코로나19 팬데믹을 일으켰다는 추측을 불러일으킨 것도 이 같은 맥락에서 이해할 수 있다.

세계는 이미 1972년에 생물무기금지협약(Biological Weapons Convention, BWC)이라는, 전쟁에 사용할 유전자 스플라이싱을 방지하는 법적 기반을 갖추고 있었다.[1] 그러나 안타깝게도 각국은 이 협약을 강화하는 방법에 대해서는 합의하지 못했다. 일부 국가는 협약을 위반하고 생물무기 연구와 비축을 추진하기도 했다.[2]

나는 1996년부터 2001년까지 빌 클린턴 대통령의 국가안보위원회 위원으로 활동하면서 조약 강화의 실패를 직접 목격했다. 2009년부터 2013년까지 버락 오바마 대통령의 백악관 대량살상무기 조정관으로서 나는 강력한 국제 규칙과 규정이 없는 상황에서 잠재적으로 위험한 생물학적 연구를 규제하는 문제를 해결하기 위한 팀을 이끌었다.

생물무기금지협약의 역사는 생물학 작용제의 연구와 개발을 통제하려는 국제적 시도의 한계를 보여준다.

1960-1970년대: 국제 생물무기금지협약

영국은 1968년 전 세계적인 생물무기 금지를 처음 제안했다.[3] 핵무기의 막강한 위력을 고려할 때 생물무기는 군사적·전략적 목적에 더 이상 유용하지 않다고 판단한 영국은 1956년 공격적 생물무기 프로그램을 종료했다. 그러나 다른 국가들이 생물무기를 가난한 자들의 원자폭탄으로 간주하여 개발할 위험은 여전히 남아 있었다.[4] 원래 영국의 제안에 따르면 각국은 생물무기가 사용될 가능성이 있는 시설과 활동을 파악해야 했다. 또 이러한 시설이 평화적인 목적으로 사용되고 있는지 확인하기 위해 국제 기관의 현장 조사를 수락해야 했다.

1969년 미국 닉슨 행정부가 공격적 생물무기 프로그램을 중단하고 영국의 제안을 지지하면서 금지 협상이 활기를 띠게 되었다. 1971년 소련은 지지를 표명했지만 검증 조항을 삭제한다는 조건부였다. 소련의 동참이 필수적이었기 때문에 미국과 영국은 이런 요구 사항을 삭제하기로 합의했다.

1972년 협약이 최종 체결되었고, 필요한 비준을 받은 후 1975년에 협약이 발효되었다.

이 협약에 따라 183개 국가는 무기로 사용될 수 있는 생물학적 물질을 "개발, 생산, 비축 또는 기타 방법으로 획득하거나 보유" 하지 않기로 합의했다. 또 이를 사용하기 위한 '전달 수단'을 비축하거나 개발하지 않기로 합의했다. 이 조약은 의학 연구를 포함한 "예방적·보호적 또는 기타 평화적" 연구 및 개발을 허용한다. 그러나 이 조약에는 각국이 이러한 의무를 준수하고 있는지 확인할 수 있는 수단은 없다.

1990년대: 협약 위반 폭로

이러한 검증 부재는 20년 후 소련이 숨길 것이 많다는 사실이 밝혀지면서 조약의 근본적 결함으로 드러났다.

1992년 보리스 옐친 러시아 대통령은 소련의 대규모 생물무기 프로그램을 공개했다. 이 프로그램의 일부 실험에는 바이러스와 박테리아를 더 치명적이고 치료에 내성을 갖도록 만드는 실험이 포함되어 있었다.[5] 소련은 또 탄저균과 천연두 바이러스와 같은 여러 가지 위험한 자연 발생 바이러스, 전염병을 일으키는 박테리아 예르시니아 페스티스(*Yersinia pestis*) 등을 무기화해 대량 생산했다. 옐친은 1992년 이 프로그램을 종료하고 모든 자료를 폐기하라고 명령했다. 그러나 이 명령이 완전히 이행되었는지에 대한 의구심은 여전히 남아 있다.

1991년 걸프전쟁에서 미국이 이라크를 패배시킨 후 또 다른 조약 위반이 밝혀졌다. 유엔 사찰단은 1,560갤런(6,000리터)의 탄저균 포자와 3,120갤런(12,000리터)의 보툴리눔 독소 등 이라크의 생물무기 비축고를 발견했다. 두 가지 모두 공중 폭탄, 로켓, 미사일 탄두에 탑재되었지만 이라크는 이러한 무기를 사용하지는 않았다.

1990년대 중반 남아프리카공화국이 다수결 민주정으로 전환하는 과정에서 과거 아파르트헤이트 정권의 화학 및 생물학 무기 프로그램에 대한 증거가 드러났다. 남아공 진실화해위원회에서 밝힌 바와 같이 이 프로그램은 암살에 중점을 두었다. 담배에 탄저균 포자를, 설탕에 살모넬라균을, 초콜릿에 보툴리눔 독소를 감염시키는 등의 수법이 사용되었다.

이런 폭로와 함께 북한, 이란, 리비아, 시리아도 협약을 위반하고 있다는 의혹이 제기되자 미국은 다른 국가들에게 검증 격차를 해소하라고 촉구했다. 그러나 7년간 24차례의 회의에도 불구하고 특별 구성된 국제 협상 그룹은 검증 방법을 합의하지 못했다.[6] 그 문제는 현실적이고 정치적인 것이었다.

생물 작용제 모니터링

생물무기금지협약 준수 여부를 검증하기 어렵게 만드는 몇 가지 요인이 있다.

우선 백신, 항생제, 비타민, 생물학적 살충제 및 특정 식품과

과학자들이 독일 실험실에서 만든 실험용 보리 종자처럼 기후 변화에 강한 잡종 작물을 육종하는 데 사용할 수 있는 혁신적 유전자 접합 기술은 생물무기 제조에도 사용될 수 있다.
출처: Sean Gallup/Getty News Images via Gatty Images Europe.

같이 허용된 목적으로 생물 작용제를 연구하고 생산하는 시설에서도 생물학적 무기를 생산할 수 있다. 합법적인 의료 및 산업적 용도로 사용되는 일부 병원체도 생물무기에 사용될 수 있다.

또 특정 생물무기는 비교적 작은 시설에서 소수 인원으로 신속하게 대량으로 생산할 수 있다. 그래서 생물무기 프로그램은 일반적으로 대규모 시설과 수많은 인력, 수년간 운영이 필요한 핵무기나 화학무기 프로그램보다 국제 사찰단이 탐지하기가 더 어렵다.

효과적인 생물무기 검증 절차를 위해서는 이행국이 수많은 민간 시설을 파악해야 한다. 사찰관은 해당 시설을 정기적으로 모니터링해야 한다. 사찰관이 '강제 사찰'을 요구할 수 있도록 허용해서 사찰관은 알려진 시설과 의심되는 시설 모두에 공격적 모니터링으로 단기간에 접근할 수 있어야 한다.

마지막으로, 협약에 따라 생물무기 방어 방식을 개발하려면 일반적으로 위험한 병원체와 독소, 심지어 전달 시스템까지 다뤄야 한다. 따라서 합법적 생물무기 방어 프로그램과 불법적 생물무기 활동을 구별하는 것은 종종 의도에 달렸으며, 그 의도를 검증하기는 어렵다.

이러한 내재적 어려움 때문에 검증은 거센 반대에 직면해 있다.

생물무기 검증에 대한 정치적 반대

미국의 협상 입장을 조율하는 백악관 관리로서 나는 중요한 정부 기관으로부터 우려와 반대 목소리를 자주 들었다. 국방부는 미국 생물무기 방어 시설에 대한 사찰이 국가 안보를 해치거나 조약 위반에 대한 허위 비난으로 이어질 수 있다고 우려했다. 상무부는 제약 및 생명공학 산업을 대신하여 침입적 국제 조사에 반대했다. 이런 조사는 영업 비밀을 침해하거나 의료 연구 또는 산업 생산을 방해할 수 있다고 상무부 관계자는 경고했다.

제약 및 생명공학 산업 규모가 큰 독일과 일본도 비슷한 이의를 제기했다. 중국, 파키스탄, 러시아 등은 거의 모든 현장 조사에 반대했다. 협상 그룹의 규칙이 운영되려면 합의가 필요했기 때문에 특정한 한 국가가 합의를 막을 수 있었다.

1998년 1월, 교착 상태를 타개하기 위해 클린턴 행정부는 검증 요건을 완화하자고 제안했다. 각국은 백신 생산 시설과 같이 생물무기 사용에 "특히 적합한" 시설로 신고를 제한할 수 있었다. 또 이런 시설에 대한 무작위 또는 일상적 사찰은 '자발적' 방문 또는 제한적 이의 제기 사찰로 대체하되, 생물무기금지협약 준수 여부를 감시하는 향후 설립될 국제기구의 집행위원회 승인을 받은 경우에만 가능하도록 했다.

그러나 이런 형태의 완화된 검증 요건조차도 국제 협상가들 사이에서 합의를 이끌어내는 데 실패했다. 결국 2001년 7월, 아이러니하게도 조지 W. 부시 행정부는 클린턴의 제안이 부정행위를 적발할 만큼 강력하지 않다는 이유로 거부했다. 이로써 협상은 결렬되었다.

그 이후 각국은 생물무기금지협약의 검증 시스템을 구축하기 위한 진지한 노력을 기울이지 않았다. 1970년대 이후 과학자들이 유전자 공학 분야에서 놀라운 발전을 이루었음에도 불구하고, 각국이 이 문제를 다시 다룰 조짐은 거의 보이지 않는다. 특히 코로나19 팬데믹의 기원을 규명하는 데 전적으로 협조하지 않는 중국에 대한 비난이 거센 오늘날 분위기에서 그럴 가능성은 더욱 낮다.

게리 새모어 Gary Samore

20년 이상 미국 정부에서 근무하며 특히 중동과 아시아에서 핵무기를 통제하고 확산을 방지하기 위해 노력했다. 클린턴 대통령과 오바마 대통령 정부 국가안보위원회에서 대량살상무기 비확산을 담당하는 고위 관리로 근무했다. 그 외에 런던 국제전략문제연구소, 미국외교협회, 하버드대학교 벨퍼(Belfer) 과학 및 국제안보 센터에서 연구 및 행정 고위직을 역임했다. 하버드대학교 정부학과에서 석사 및 박사 학위를 받았다.

앤드류 랩워스Andrew Lapworth

'바이오해커'가 보여주는
DIY 과학의 힘

2020년 봄, 윌 캐닌(Will Canine)과 뉴욕 아마추어 과학자 팀은 코로나19 테스트 결과 도출 시간을 2주에서 12시간으로 획기적으로 단축한 오픈트론(Opentron)이라는 자동화 로봇 플랫폼을 개발했다.[1] 현재 전 세계에서 사용되는 이 혁신적 기술은 코로나19 발병 초기에 수많은 생명을 구하는 데 기여했다.

이 기술을 개발한 사람들은 젠스페이스(Genspace)라는 "시민 과학자를 위한 커뮤니티 연구소"에 소속되어 있으며, 30년 이상 거슬러 올라가는 소위 바이오해커(biohackers)라는 국제적 움직임의 일부다. 바이오해킹은 do-it-yourself 또는 DIY 생물학이라고도 하며, 컴퓨터 해킹 문화에서 힌트를 얻어 생물학 및 생명공학 도구를 사용해 공식 연구 기관 외부에서 실험을 수행하고 도구를 만드는 행위다.

그러나 잠재적 위험을 경계하는 각국 정부가 바이오해킹을 제한하는 법률을 통과시키면서 바이오해킹은 위협을 받고 있다. 과학과 사회의 이익을 위해 보다 균형 잡힌 접근 방식이 필요하다.

누가 바이오해킹을 두려워할까?

바이오해킹의 가시성이 드러남에 따라 이에 대한 감시도 강화되었다. 언론은 악의적이든('바이오테러') 우발적이든('바이오에러') 바이오해킹의 위험성을 집중 보도했다. 지방 정부와 중앙 정부도 이런 관행에 대한 입법을 추진했다.

2019년 8월, 캘리포니아 정치인들은 전문 연구소가 아닌 곳에서의 크리스퍼 유전자 편집 키트 사용을 금지하는 법안을 발의했다. 호주는 세계에서 가장 엄격한 규제를 시행하며, 유전자 기술 규제 사무소는 유전자 변형 생물체 사용과 공중 보건 및 안전에 대한 위험을 모니터링한다. 일부 당국은 바이오해커를 생물테러 혐의로 체포하기도 했다.[2]

그러나 바이오해킹에 대한 이런 우려는 대부분 근거가 없는 것이다.

33장 · '바이오해커'가 보여주는 DIY 과학의 힘

뉴욕 젠스페이스 커뮤니티 연구소 공동 설립자인 엘렌 요르겐 센(Ellen Jorgensen)은 적대적 대응은 바이오해커의 능력을 과대평가하고 그들의 윤리적 기준을 과소평가하는 것이라고 주장한다. 연구에 따르면 바이오해커 대다수가(92%) 커뮤니티 연구소에서 연구하며, 이들 중 다수는 2011년 커뮤니티에서 작성한 안전한 아마추어 생명과학을 위한 윤리 강령에 따라 운영된다.[3]

과학 감정사

벨기에 철학자 이사벨 스탕제(Isabelle Stengers)는 바이오해커를 '과학 감정사'라고 부른다.[4] 전문가와 아마추어 사이에 있는 감정사는 과학 지식과 실천에 대해 정보에 기반하여 공감할 수 있지만 과학자가 제기할 수 없는 새로운 질문을 던질 수도 있다. 감정사는 과학자가 우려 사항을 간과할 때 과학자에게 책임을 묻고 이의를 제기할 수 있다. 감정사는 과학이 더 잘 수행될 방법을 강조한다. 음악이나 스포츠와 같은 다른 분야와 마찬가지로 과학도 강력하고 활기찬 감정사 문화의 혜택을 받을 수 있다.

바이오해커는 과학 기관과 더 넓은 사회와의 관계에서 중요한 중심점이다. 스탕제는 과학과 사회가 관계를 맺는 것만으로는 충분하지 않다고 강조한다. 중요한 것은 이 관계의 성격과 질이다.

양방향 관계

과학 커뮤니케이션의 전통 모델은 과학자가 수동적으로 지식을 수용하는 대중에게 지식을 전달하는 일방적 관계를 가정한다. 그러나 바이오해커는 과학 지식의 생산과 변화에 능동적 참여자로서 사람들을 초대한다. 바이오파운드리(BioFoundry)와 젠스페이스 같은 바이오해킹 연구소는 수업과 공개 워크숍, 지역 환경 오염에 관한 프로젝트를 통해 생명공학에 대한 대중의 직접 참여를 장려한다.

바이오해커들은 또 현재의 과학적 문제를 더 깊이 이해하는 데 기여하는 중요한 발견을 하고 있다. 신종 코로나바이러스 테스트를 고안한 것부터 일상용품으로 과학 장비를 만들고 오픈소스 인슐린을 생산하는 것까지, 바이오해커들은 과학 혁신이 일어날 수 있는 공간을 재구성하고 있다.

법과 윤리 사이의 균형

바이오해킹은 큰 이점을 가져다주지만 위험도 무시할 수 없다. 중요한 것은 위험에 대처하는 방식이다.

악의적이거나 위험한 관행을 방지하기 위해 법과 규정이 필요하지만, 이를 남용하면 바이오해커들이 음지에서 암약할 수도 있다. 물론 바이오해커를 기존 제도의 테두리 안으로 끌어들이는 것도 한 가지 방법이다. 그러나 이는 곤란한 문제를 제기할 수 있는 바이오해커의 능력을 억제할 수 있다. 법 외에도 바이오해킹 커뮤니티 자체에서 마련한 윤리 강령은 생산적인 방법을 제시한다.

스탕제에게 '윤리적' 관계란 한 집단이 다른 집단을 지배하거나 포획하는 것이 아니다. 그보다는 함께 번성하고 서로를 변화시키는 공생적 참여 방식을 포괄한다.

법과 윤리 사이의 균형이 필요하다. 2011년 북미와 유럽의 바이오해커들이 작성한 윤리 강령은 보다 개방적이고 투명하며 서로를 존중하는 협업 문화가 어떤 모습일지 보여주는 첫걸음이다. 최근 몇 년 동안 미국에서는 연방수사국과 바이오해킹 커뮤니티 간의 보다 개방적이고 공생적인 관계에 대한 실험이 있었다.[5]

그러나 이것은 중단될 위험이 상존하는 대화의 시작에 불과하다. 대화가 중단된다면 잃을 것이 너무 많을 것이다.

앤드류 랩워스 Andrew Lapworth

호주 캔버라에 있는 뉴사우스웨일스대학교 문화지리학 선임 강사. 영국 브리스톨대학교에서 인간 지리학 박사 학위를 받았다. 그의 주요 연구 분야는 과학과 기술 발전으로 인해 극적으로 재편되는 세상을 사람과 커뮤니티가 어떻게 이해하고, 그러한 경험을 소통하고 잠재적으로 변화시키는 데 예술이 어떤 역할을 할 수 있는지에 관한 것이다. 랩워스는 현재 DIY 생물학 및 바이오해킹으로 알려진 운동과 생명공학에 대한 대중의 만남과 참여를 촉진하는 역할을 탐구하고 있다.

주

서문

1. Doudna, J. A., & Sternberg, S. H. (2017). *A crack in creation: Gene editing and the unthinkable power to control evolution*. Houghton Mifflin Harcourt.

2. Zimmer, C. (2015, April 6). Breakthrough DNA editor born of bacteria. *Quanta Magazine*. https://www.quantamagazine.org/crispr-natural-history-in-bacteria-20150206/.

3. Season 5, Episode 17. (2018, July 1). Gene editing [segment of episode]. In *Last night with John Oliver*, HBO. https://www.hbo.com/video/last-week-tonight-with-john-oliver/seasons/season-5/episodes/77-episode-136/videos/july-1-2018-gene-editing.

4. Zimmer, M. (2020). *The state of science: What the future holds and the scientists making it happen*. Prometheus.

5. Haldane, J. B. S. (1925, December 1). On being the right size. *Harper's Monthly Magazine, 152*. p. 424.

6. Goldin, I., & Mariathasan, M. (2014). *The butterfly defect: How globalization creates systemic risks, and what to do about it*. Princeton University Press.

7. Doudna & Sternberg. *A crack in creation*.

8. 1980년대에 큰 인기를 끌었던 한 곡을 언급하고 있다. Timbuk 3의 "The Future's So Bright, I Gotta Wear Shades"(1986년)로, 이 곡은 'Greetings from Timbuk3' 앨범에 수록되어 있으며, I.R.S. 레코드사에서 발매되었다.

1부 | 생명의 구성 요소

1. Genetic scissors: A tool for rewriting the code of life. (2020). Nobel Prize. https://

www.nobelprize.org/prizes/chemistry/2020/popular-information/.

1장. 백신 개발로 각광받는 mRNA

1. Pearce, B. K., Pudritz, R. E., Semenov, D. A., & Henning, T. K. (2017). Origin of the RNA world: The fate of nucleobases in warm little ponds. *Proceedings of the National Academy of Sciences*, *114*(43), 11327-11332. https://doi.org/10.1073/pnas.1710339114.

2. Sharova, L. V., Sharov, A. A., Nedorezov, T., Piao, Y., Shaik, N., & Ko, M. S. H. (2009). Database for mRNA half-life of 19,977 genes obtained by DNA microarray analysis of pluripotent and differentiating mouseembryonic stem cells. *DNA Research*, *16*(1), 45-58. https://doi.org/10.1093/dnares/dsn030.

3. Pardi, N., Hogan, M. J., Porter, F. W., & Weissman, D. (2018). MRNA vaccines—a new era in vaccinology. *Nature Reviews Drug Discovery*, *17*(4), 261-279. https://doi.org/10.1038/nrd.2017.243.

4. Sahin, U., Kariko, K., & Tureci, O. (2014). MRNA-based therapeutics—developing a new class of drugs. *Nature Reviews Drug Discovery*, *13*(10), 759-780. https://doi.org/10.1038/nrd4278.

5. Jackson, N. A., Kester, K. E., Casimiro, D., Gurunathan, S., & DeRosa, F. (2020). The promise of mRNA vaccines: A biotech and industrial perspective. *Npj Vaccines*, *5*(1). https://doi.org/10.1038/s41541-020-0159-8.

2장. 노벨 화학상을 받은 크리스퍼 유전자 편집 기술

1. Lemmon, Z. H., Reem, N. T., Dalrymple, J., Soyk, S., Swartwood, K. E., Rodriguez-Leal, D., Van Eck, J., & Lippman, Z. B. (2018). Rapid improvement of domestication traits in an orphan crop by genome editing. *Nature Plants*, *4*(10), 766-770. https://doi.org/10.1038/s41477-018-0259-x.

2. Kyrou, K., Hammond, A. M., Galizi, R., Kranjc, N., Burt, A., Beaghton, A. K., Nolan, T., & Crisanti, A. (2018). A CRISPR-Cas9 gene drive targeting *doublesex*

causes complete population suppression in caged *Anopheles gambiae mosquitoes*. *Nature Biotechnology, 36*(11), 1062-1066. https://doi.org/10.1038/nbt.4245.

3. Ishino, Y., Shinagawa, H., Makino, K., Amemura, M., & Nakata, A. (1987). Nucleotide sequence of the *iap* gene, responsible for alkaline phosphatase isozyme conversion in *Escherichia coli*, and identification of the gene product. *Journal of Bacteriology, 169*(12), 5429-5433. https://doi.org/10.1128/jb.169.12.5429-5433.1987.

4. Mojica, F. J. M., Diez-Villasenor, C., Garcia-Martinez, J., & Soria, E. (2005). Intervening sequences of regularly spaced prokaryotic repeats derive from foreign genetic elements. *Journal of Molecular Evolution, 60*(2), 174-182. https://doi.org/10.1007/s00239-004-0046-3.

5. Barrangou, R., Fremaux, C., Deveau Helene, Richards, M., Boyaval, P., Moineau, S., Romero, D. A., & Horvath, P. (2007). CRISPR provides acquired resistance against viruses in prokaryotes. *Science, 315*(5819), 1709-1712. https://doi.org/10.1126/science.1138140.

3장. 생물학자가 설명하는 단백질

1. Poverennaya, E. V., Ilgisonis, E. V., Pyatnitskiy, M. A., Kopylov, A. T., Zgoda, V. G., Lisitsa, A. V., & Archakov, A. I. (2016). The size of the human proteome: The width and depth. *International Journal of Analytical Chemistry*, 1-6. https://doi.org/10.1155/2016/7436849.

2. *Molecule of the month*: *Collagen*. (n.d.). RCSB Protein Data Bank. https://pdb101.rcsb.org/motm/4.

3. *Molecule of the month*: *Integrin*. (n.d.). RCSB Protein Data Bank. https://pdb101.rcsb.org/motm/134.

4. *Molecule of the month*: *Pepsin*. (n.d.). RCSB Protein Data Bank. https://pdb101.rcsb.org/motm/12.

5. *Molecule of the month*: *Hemoglobin*. (n.d.). RCSB Protein Data Bank. https://pdb101.rcsb.org/motm/41.

6. *Molecule of the month: Circadian clock proteins.* (n.d.). RCSB ProteinData Bank. https://pdb101.rcsb.org/motm/97.

4장. 차세대 의료에서 RNA가 활용되는 세 가지 방법

1. Jinek, M., Chylinski, K., Fonfara, I., Hauer, M., Doudna, J. A., & Charpentier, E. (2012). A programmable dual-RNA-guided DNA endonuclease in adaptive bacterial immunity. *Science*, *337*(6096), 816-821. https://doi.org/10.1126/science.1225829.

2. Aarntzen, E. H., Schreibelt, G., Bol, K., Lesterhuis, W. J., Croockewit, A. J., de Wilt, J. H., van Rossum, M. M., Blokx, W. A., Jacobs, J. F., Duiveman-de Boer, T., Schuurhuis, D. H., Mus, R., Thielemans, K., de Vries, I. J., Figdor, C. G., Punt, C. J., & Adema, G. J. (2012). Vaccination with mRNA-electroporated dendritic cells induces robust tumor antigen-specific CD4+ and CD8+ T cells responses in stage III and IV melanoma patients. *Clinical Cancer Research*, *18*(19), 5460-5470. https://doi.org/10.1158/1078-0432.ccr-11-3368.

3. Pardi, N., Hogan, M. J., Porter, F. W., & Weissman, D. (2018). mRNA vaccines—a new era in vaccinology. *Nature Reviews Drug Discovery*, *17*(4), 261-279. https://doi.org/10.1038/nrd.2017.243.

4. Wen, G., Zhou, T., & Gu, W. (2020). The potential of using blood circular RNA as liquid biopsy biomarker for human diseases. *Protein & Cell*, *12*(12), 911-946. https://doi.org/10.1007/s13238-020-00799-3.

5. Chu, H., Kohane, D. S., & Langer, R. (2016). RNA therapeutics—the potential treatment for myocardial infarction. *Regenerative Therapy*, *4*, 83-91. https://doi.org/10.1016/j.reth.2016.03.002.

6. Iadevaia, V., Wouters, M. D., Kanitz, A., Matia-Gonzalez, A. M., Laing, E. E., & Gerber, A. P. (2019). Tandem RNA isolation reveals functional rearrangement of RNA-binding proteins on *CDKN1B/p27* Kip1 3'UTRs in cisplatin treated cells. *RNA Biology*, *17*(1), 33-46. https://doi.org/10.1080/15476286.2019.1662268.

5장. 질병 치료에 대한 인간 게놈 염기서열 분석의 한계

1. Here are two papers that discuss unrealized aspirations for personalized medicine: Murray, J. (2012). Personalized medicine: Been there, done that, always needs work! *American Journal of Respiratory and Critical Care Medicine, 185*(12). https://doi.org/10.1164/rccm.201203-0523ED; Joyner, M. J., & Paneth, N. (2019). Promises, promises, and precision medicine. *Journal of Clinical Investigation, 129*(3): 946-948. https://doi.org/10.1172/JCI126119.

2. Berkowitz, A. (2019). Playing the genome card. *Journal of Neurogenetics, 34*(1), 189-197. https://doi.org/10.1080/01677063.2019.1706093.

3. Cloninger, C. R. (1994). Turning point in the design of linkage studies of schizophrenia. *American Journal of Medical Genetics, 54*(2), 83-92. https://doi.org/10.1002/ajmg.1320540202.

4. Alper, J. S., & Natowicz, M. R. (1993). On establishing the genetic basis of mental disease. *Trends in Neurosciences, 16*(10), 387-389. https://doi.org/10.1016/0166-2236(93)90003-5.

5. Jenks, S. (2000). Gene therapy death—"everyone has to share in the guilt." *JNCI: Journal of the National Cancer Institute, 92*(2), 98-100. https://doi.org/10.1093/jnci/92.2.98.

6. Dunbar, C. E., High, K. A., Joung, J. K., Kohn, D. B., Ozawa, K., & Sadelain, M. (2018). Gene therapy comes of age. *Science, 359*(6372). https://doi.org/10.1126/science.aan4672.

6장. 너무 두려워하지 않아도 될 체세포 유전자 편집

1. Howe, L. J., Lee, M. K., Sharp, G. C., Davey Smith, G., St Pourcain, B., Shaffer, J. R., Ludwig, K. U., Mangold, E., Marazita, M. L., Feingold, E., Zhurov, A., Stergiakouli, E., Sandy, J., Richmond, S., Weinberg, S. M., Hemani, G., & Lewis, S. J. (2018). Investigating the shared genetics of non-syndromic cleft lip/palate and facial morphology. *PLOS Genetics, 14*(8). https://doi.org/10.1371/journal.pgen.1007501.

2. Yan, Q., Nho, K., Del-Aguila, J. L., Wang, X., Risacher, S. L., Fan, K.-H., Snitz,

B. E., Aizenstein, H. J., Mathis, C. A., Lopez, O. L., Demirci, F. Y., Feingold, E., Klunk, W. E., Saykin, A. J., Cruchaga, C., & Kamboh, M. I. (2018). Genome-wide association study of brain amyloid deposition as measured by Pittsburgh Compound-B (PiB)-PET imaging. *Molecular Psychiatry*, *26*(1), 309–321. https://doi.org/10.1038/s41380-018-0246-7.

3. Ginn, S. L., Amaya, A. K., Alexander, I. E., Edelstein, M., & Abedi, M. R. (2018). Gene therapy clinical trials worldwide to 2017: An update. *Journal of Gene Medicine*, *20*(5). https://doi.org/10.1002/jgm.3015.

4. US Department of Health and Human Services. (2021, December 1). *Somatic cell genome editing*. National Institutes of Health. https://commonfund.nih.gov/editing.

5. Evans, J. H. (2021). Setting ethical limits on human gene editing after the fall of the somatic/germline barrier. *Proceedings of the National Academy of Sciences*, *118*(22). https://doi.org/10.1073/pnas.2004837117.

7장. 사람을 만드는 데 몇 개의 유전자가 필요할까?

1. Pertea, M., & Salzberg, S. L. (2010). Between a chicken and a grape: Estimating the number of human genes. *Genome Biology*, *11*(5), 206. https://doi.org/10.1186/gb-2010-11-5-206.

2. D'Hont, A., Denoeud, F., Aury, J.-M., Baurens, F.-C., Carreel, F., Garsmeur, O., Noel, B., Bocs, S., Droc, G., Rouard, M., Da Silva, C., Jabbari, K., Cardi, C., Poulain, J., Souquet, M., abadie, K., Jourda, C., Lengelle, J., Rodier-Goud, M.,···Wincker, P. (2012). The banana (*Musa acuminata*) genome and the evolution of monocotyledonous plants. *Nature*, *488*(7410), 13–217. https://doi.org/10.1038/nature11241.

3. Dagan, T., Roettger, M., Stucken, K., Landan, G., Koch, R., Major, P., Gould, S. B., Goremykin, V. V., Rippka, R., Tandeau de Marsac, N., Gugger, M., Lockhart, P. J., Allen, J. F., Brune, I., Maus, I., Puhler, A., & Martin, W. F. (2012). Genomes of stigonematalean cyanobacteria (subsection V) and the evolution of oxygenic photosynthesis from prokaryotes to plastids. *Genome Biology and Evolution*, *5*(1),

31-44. https://doi.org/10.1093/gbe/evs117.

4. Narasimhan, V. M., Hunt, K. A., Mason, D., Baker, C. L., Karczewski, K. J., Barnes, M. R., Barnett, A. H., Bates, C., Bellary, S., Bockett, N. A., Giorda, K., Griffiths, C. J., Hemingway, H., Jia, Z., Kelly, M. A., Khawaja, H. A., Lek, M., McCarthy, S., McEachan, R.,…van Heel, D. A. (2016). Health and population effects of rare gene knockouts in adult humans with related parents. *Science*, *352*(6284), 474-477. https://doi.org/10.1126/science.aac8624.

5. Gollery, M., Harper, J., Cushman, J., Mittler, T., Girke, T., Zhu, J.-K., Bailey-Serres, J., & Mittler, R. (2006). What makes species unique? The contribution of proteins with obscure features. *Genome Biology*, *7*(7). https://doi.org/10.1186/gb-2006-7-7-r57.

6. Watnick, P., & Kolter, R. (2000). Biofilm, city of microbes. *Journal of Bacteriology*, *182*(10), 2675-2679. https://doi.org/10.1128/jb.182.10.2675-2679.2000.

8장. 최초의 복제 양 돌리의 모든 것

1. Wilmut, I., Schnieke, A. E., McWhir, J., Kind, A. J., & Campbell, K. H. (1997). Viable offspring derived from fetal and adult mammalian cells. *Nature*, *385*(6619), 810-813. https://doi.org/10.1038/385810a0.

2. Campbell, K. H., McWhir, J., Ritchie, W. A., & Wilmut, I. (1996). Sheep cloned by nuclear transfer from a cultured cell line. *Nature*, *380*(6569), 64-66. https://doi.org/10.1038/380064a0.

3. Seidel, G. E. (1983). Production of genetically identical sets of mammals: Cloning? *Journal of Experimental Zoology*, *228*(2), 347-354. https://doi.org/10.1002/jez.1402280217.

4. Seidel, G. E. (2015). Lessons from reproductive technology research. *Annual Review of Animal Biosciences*, *3*(1), 467-487. https://doi.org/10.1146/annurev-animal-031412-103709.

5. Carlson, D. F., Lancto, C. A., Zang, B., Kim, E.-S., Walton, M., Oldeschulte, D., Seabury, C., Sonstegard, T. S., & Fahrenkrug, S. C. (2016). Production of hornless

dairy cattle from genome-edited cell lines. *Nature Biotechnology*, *34*(5), 479-481. https://doi.org/10.1038/nbt.3560.

6. Whitworth, K. M., Rowland, R. R., Ewen, C. L., Trible, B. R., Kerrigan, M. A., Cino-Ozuna, A. G., Samuel, M. S., Lightner, J. E., McLaren, D. G., Mileham, A. J., Wells, K. D., & Prather, R. S. (2016). Gene-edited pigs are protected from porcine reproductive and respiratory syndrome virus. *Nature Biotechnology*, *34*(1), 20-22. https://doi.org/10.1038/nbt.3434.

7. Richt, J. A., Kasinathan, P., Hamir, A. N., Castilla, J., Sathiyaseelan, T., Vargas, F., Sathiyaseelan, J., Wu, H., Matsushita, H., Koster, J., Kato, S., Ishida, I., Soto, C., Robl, J. M., & Kuroiwa, Y. (2006). Production of cattle lacking prion protein. *Nature Biotechnology*, *25*(1), 132-138. https://doi.org/10.1038/nbt1271.

9장. 크리스퍼, 형광 단백질, 광유전학 기술

1. Granato, E. T., Meiller-Legrand, T. A., & Foster, K. R. (2019). The evolution and ecology of bacterial warfare. *Current Biology*, 29(11). https://doi.org/10.1016/j.cub.2019.04.024.

2. Gillmore, J. D., Gane, E., Taubel, J., Kao, J., Fontana, M., Maitland, M. L., Seitzer, J., O'Connell, D., Walsh, K. R., Wood, K., Phillips, J., Xu, Y., Amaral, A., Boyd, A. P., Cehelsky, J. E., McKee, M. D., Schiermeier, A., Harari, O., Murphy, A.,··· Lebwohl, D. (2021). CRISPR-Cas9 in vivo gene editing for transthyretin amyloidosis. *New England Journal of Medicine*, 385, 493-502. https://doi.org/10.1056/nejmoa2107454.

3. FPbase, a fluorescent protein database, aggregates these findings: https://www.fpbase.org/about/.

4. Hou, Y. J., Okuda, K., Edwards, C. E., Martinez, D. R., Asakura, T., Dinnon, K. H., Kato, T., Lee, R. E., Yount, B. L., Mascenik, T. M., Chen, G., Olivier, K. N., Ghio, A., Tse, L. V., Leist, S. R., Gralinski, L. E., Schafer, A., Dang, H., Gilmore, R.,···Baric, R. S. (2020). SARS-CoV-2 reverse genetics reveals a variable infection gradient in the respiratory tract. *Cell*, *182*(2), P429-446. https://doi.org/10.1016/

j.cell.2020.05.042.

5. Sahel, J.-A., Boulanger-Scemama, E., Pagot, C., Arleo, A., Galluppi, F., Martel, J. N., Esposti, S. D., Delaux, A., de Saint Aubert, J.-B., de Montleau, C., Gutman, E., Audo, I., Duebel, J., Picaud, S., Dalkara, D., Blouin, L., Taiel, M., & Roska, B. (2021). Partial recovery of visual function in a blind patient after optogenetic therapy. *Nature Medicine, 27*(7), 1223-1229. https://doi.org/10.1038/s41591-021-01351-4.

2부 | 생명공학, 식품, 환경

1. *The new food fights: U.S. public divides over food science*. Section 3. Public opinion about genetically modified foods and trust in scientists connected with these foods. (2016, December 16). Pew Research Center. https://www.pewresearch.org/science/2016/12/01/public-opinion-about-genetically-modified-foods-and-trust-in-scientists-connected-with-these-foods/.

2. Milman, O. (2021, September 13). Meat accounts for nearly 60% of all greenhouse gases from food production. *The Guardian*. https://www.theguardian.com/environment/2021/sep/13/meat-greenhouses-gases-food-production-study.

10장. 농업 전문가가 설명하는 '생명공학 식품'

1. *BE disclosure*. (n.d.). United States Department of Agriculture. https://www.ams.usda.gov/rules-regulations/be.

2. National Agricultural Statistics Service (2021, June 30). *Acreage*. United States Department of Agriculture. https://downloads.usda.library.cornell.edu/usda-esmis/files/j098zb09z/00000x092/kw52k657g/acrg0621.pdf.

3. National Academies of Sciences, Engineering, and Medicine. (2016). *Genetically engineered crops: Experiences and prospects*. National Academies Press.

4. *Genetically engineered food labeling laws*. (n.d.). Center for Food Safety. https://

www.centerforfoodsafety.org/ge-map/.

5. Mobile fact sheet. (2021, April 7). Pew Research Center. https://www.pewresearch.org/internet/fact-sheet/mobile/.

6. See Non-GMO Project. https://www.nongmoproject.org/.

11장. 유전자 편집을 통한 유기농업?

1. National Academies of Sciences, Engineering, and Medicine. (2016). *Genetically engineered crops: Experiences and prospects*. National Academies Press. https://doi.org/10.17226/23395.

2. Scheben, A., & Edwards, D. (2018). Towards a more predictable plant breeding pipeline with CRISPR/Cas-induced allelic series to optimize quantitative and qualitative traits. *Current Opinion in Plant Biology*, *45*, 218-225. https://doi.org/10.1016/j.pbi.2018.04.013.

3. Shelton, A. M., Hossain, M. J., Paranjape, V., Azad, A. K., Rahman, M. L., Khan, A. S. M. M. R., Prodhan, M. Z. H., Rashid, M. A., Majumder, R., Hossain, M. A. and Hussain, S. S. (2018). Bt eggplant project in Bangladesh: History, present status, and future direction. *Frontiers in Bioengineering and Biotechnology*, article 106. https://doi.org/10.3389/fbioe.2018.00106.

4. Wang, Y., Cheng, X., Shan, Q., Zhang, Y., Liu, J., Gao, C., & Qiu, J.-L. (2014). Simultaneous editing of three homoeoalleles in hexaploid bread wheat confers heritable resistance to powdery mildew. *Nature Biotechnology*, *32*(9), 947-951. https://doi.org/10.1038/nbt.2969.

5. Ahloowalia, B. S., Maluszynski, M., & Nichterlein, K. (2004). Global impact of mutation-derived varieties. *Euphytica*, *135*(2), 187-204. https://doi.org/10.1023/b:euph .0000014914.85465.4f.

6. *Regulatory exemptions*. (n.d.). USDA Animal and Plant Health Inspection Service. https://www.aphis.usda.gov/aphis/ourfocus/biotechnology/permits-notifications-petitions/exemptions.

7. *Formal recommendation. From the National Organic Standards Board to the National*

Organic Program. (n.d.). https://www.ams.usda.gov/sites/default/files/media/MSExclu
dedMethodsApr2019FinalRec.pdf.

12장. 유전자 변형 식품에 대한 미국과 유럽의 다른 입장

1. Seegers, H., Fourichon, C., & Beaudeau, F. (2003). Production effects related to
   mastitis and mastitis economics in dairy cattle herds. *Veterinary Research*, *34*(5),
   475-491. https://doi.org/10.1051/vetres:2003027.

2. Goldburg, R., Rissler, J., Shand, H., & Hassebrook, C. (n.d.). *Biotechnology's bitter
   harvest: Herbicide-tolerant crops and the threat to sustainable agriculture.* Union
   of Concerned Scientists. https://blog.ucsusa.org/wp-content/uploads/2012/05/
   Biotechnologys-Bitter-Harvest.pdf.

3. Saey, T. H. (2021, November 22). *Editing human germline cells sparks ethics debate.*
   Science News. https://www.sciencenews.org/article/editing-human-germline-cells-
   sparks-ethics-debate.

4. *Timeline of mad cow disease outbreaks.* Center for Food Safety. (n.d.). https://
   www.centerforfoodsafety.org/issues/1040/mad-cow-disease/timeline-mad-cow-
   disease-outbreaks.

5. *UK Sainsbury's phase out GM food.* (1999, March 17). BBC News. http://
   news.bbc.co.uk/2/hi/uknews/298229.stm.

6. Zerbe, N. (2004). Feeding the famine? American food aid and the GMO debate
   in Southern Africa. *Food Policy*, *29*(6), 593-608. https://doi.org/10.1016/
   j.foodpol.2004.09.002.

13장. 유전공학으로 사라져가는 숲을 구할 수 있을까?

1. Krist, F. J., Ellenwood, J. R., Woods, M. E., McMahan, A. J., Cowardin, J. P.,
   Ryerson, D. E., Sapio, F. J., Zweifler, M. O., & Romero, S. A. (2014, January).
   2013-2027 national insect and disease forest risk assessment. US Forest Service, United
   States Department of Agriculture. https://www.fs.fed.us/foresthealth/technology/pdf

s/2012RiskMapExecsummary.pdf.

2. Offutt, S. E., Delborne, J. A., DiFazio, S., & Ibanez, I. (2019, January 8). *Forest health and biotechnology: Possibilities and considerations.* National Academies of Sciences, Engineering, and Medicine. https://doi.org/10.17226/25221. The committee's purpose is set forth in Box S-1 of the report.

3. *Restoring the American chestnut.* (n.d.). SUNY College of Environmental Science and Forestry. https://www.esf.edu/chestnut/.

4. Delborne, J. A., Binder, A. R., Rivers, L., Barnes, J. C., Barnhill-Dilling, K., George, D., Kokotovich, A., & Sudweeks, J. (2018). Biotechnology, the American chestnut tree, and public engagement workshop report}. North Carolina State University. https://research.ncsu.edu/ges/files/2018/10/Biotech-American-Chestnut-Public-Engagement-2018.pdf.

14장. 식물성 고기의 맛과 모양 개량하기

1. Tornberg, E. (2005). Effects of heat on meat proteins—implications on structure and quality of meat products. *Meat Science, 70*(3), 493–508. https://doi.org/10.1016/j.meatsci.2004.11.021.

2. Osen, R., & Schweiggert-Weisz, U. (2016). High-moisture extrusion: Meat analogues. *Reference Module in Food Science.* https://doi.org/10.1016/b978-0-08-100596-5.03099-7.

3. Cornet, S. H., Snel, S. J., Schreuders, F. K., van der Sman, R. G., Beyrer, M., & van der Goot, A. J. (2021). Thermo-mechanical processing of plant proteins using shear cell and high-moisture extrusion cooking. *Critical Reviews in Food Science and Nutrition,* 1–18. https://doi.org/10.1080/10408398.2020.1864618.

4. He, J., Evans, N. M., Liu, H., & Shao, S. (2020). A review of research on plant-based meat alternatives: Driving forces, history, manufacturing, and consumer attitudes. *Comprehensive Reviews in Food Science and Food Safety, 19*(5), 2639–2656. https://doi.org/10.1111/1541-4337.12610.

5. Green, M. (2020, July 14). *Shift20: Industry is "only scratching the surface" of plant-based*

proteins. Food Ingredients First. https://www.foodingredientsfirst.com/news/shift20-industry-is-only-scratching-the-surface-of-plant-based-proteins.html.

15장. 질병 전파를 억제하는 유전자 변형 모기

1. Macias, V., Ohm, J., & Rasgon, J. (2017). Gene drive for mosquito control: Where did it come from and where are we headed? *International Journal of Environmental Research and Public Health*, *14*(9), 1006. https://doi.org/10.3390/ijerph14091006.

2. Utarini, A., Indriani, C., Ahmad, R. A., Tantowijoyo, W., Arguni, E., Ansari, M. R., Supriyati, E., Wardana, D. S., Meitika, Y., Ernesia, I., Nurhayati, I., Prabowo, E., Andari, B., Green, B. R., Hodgson, L., Cutcher, Z., Rances, E., Ryan, P. A., O'Neill, S. L.,···Simmons, C. P. (2021). Efficacy of Wolbachia-infected mosquito deployments for the control of dengue. *New England Journal of Medicine*, *384*(23), 2177-2186. https://doi.org/10.1056/nejmoa2030243.

3. Dodson, B. L., Hughes, G. L., Paul, O., Matacchiero, A. C., Kramer, L. D., & Rasgon, J. L. (2014). Wolbachia enhances West Nile virus (WNV) infection in the mosquito *Culex tarsalis*. *PLoS Neglected Tropical Diseases*, *8*(7). https://doi.org/10.1371/journal.pntd.0002965.

4. Fensom, M. (2021, December 22). *Oxitec successfully concludes mosquito releases in landmark Florida Keys pilot program*. Oxitec. https://www.oxitec.com/en/news/oxitec-successfully-concludes-mosquito-releases-in-landmark-florida-keys-pilot-program.

5. Mains, J. W., Brelsfoard, C. L., Rose, R. I., & Dobson, S. L. (2016). Female adult *Aedes albopictus* suppression by *Wolbachia*-infected male mosquitoes. *Scientific Reports*, *6*(1). https://doi.org/10.1038/srep33846.

16장. 조작 박테리아로 오일샌드 오염과 광산 폐기물 정화하기

1. Del Valle, I., Fulk, E. M., Kalvapalle, P., Silberg, J. J., Masiello, C. A., & Stadler, L. B. (2021). Translating new synthetic biology advances for biosensing into the earth

and environmental sciences. *Frontiers in Microbiology*, *11*. https://doi.org/10.3389/fmicb.2020.618373.

2. Genovese, M., Denaro, R., Cappello, S., Di Marco, G., La Spada, G., Giuliano, L., Genovese, L., & Yakimov, M. M. (2008). Bioremediation of benzene, toluene, ethylbenzene, xylenes-contaminated soil: A biopile pilot experiment. *Journal of Applied Microbiology*, *105*(5), 1694-1702. https://doi.org/10.1111/j.1365-2672.2008.03897.x.

3. DeLisi, C., Patrinos, A., MacCracken, M., Drell, D., Annas, G., Arkin, A., Church, G., Cook-Deegan, R., Jacoby, H., Lidstrom, M., Melillo, J., Milo, R., Paustian, K., Reilly, J., Roberts, R. J., Segre, D., Solomon, S., Woolf, D., Wullschleger, S. D., & Yang, X. (2020). The role of synthetic biology in atmospheric greenhouse gas reduction: Prospects and challenges. *BioDesign Research*, *2020*, 1-8. https://doi.org/10.34133/2020/1016207.

4. Chao, R., Mishra, S., Si, T., & Zhao, H. (2017). Engineering biological systems using automated biofoundries. *Metabolic Engineering*, *42*, 98-108. https://doi.org/10.1016/j.ymben.2017.06.003.

5. Bauer, A. E., Hewitt, L. M., Parrott, J. L., Bartlett, A. J., Gillis, P. L., Deeth, L. E., Rudy, M. D., Vanderveen, R., Brown, L., Campbell, S. D., Rodrigues, M. R., Farwell, A. J., Dixon, D. G., & Frank, R. A. (2019). The toxicity of organic fractions from aged oil sands process-affected water to aquatic species. *Science of The Total Environment*, *669*, 702-710. https://doi.org/10.1016/j.scitotenv.2019.03.107.

6. Quinlan, P. J., & Tam, K. C. (2015). Water treatment technologies for the remediation of naphthenic acids in oil sands process-affected water. *Chemical Engineering Journal*, *279*, 696-714. https://doi.org/10.1016/j.cej.2015.05.062.

7. Chegounian, P., Zerriffi, H., & Yadav, V. G. (2020). Engineering microbes for remediation of oil sands tailings. *Trends in Biotechnology*, *38*(11), 1192-1196.

17장. 값이 매우 비싼 새로운 유전자 치료법

1. Prakash, V., Moore, M., & Yanez-Munoz, R. J. (2016). Current progress in therapeutic gene editing for monogenic diseases. Molecular Therapy, 24(3), 465–474. https://doi.org/10.1038/mt.2016.5.

2. Frangoul, H., Altshuler, D., Cappellini, M. D., Chen, Y.-S., Domm, J., Eustace, B. K., Foell, J., de la Fuente, J., Grupp, S., Handgretinger, R., Ho, T. W., Kattamis, A., Kernytsky, A., Lekstrom-Himes, J., Li, A. M., Locatelli, F., Mapara, M. Y., de Montalembert, M., Rondelli, D.,…Corbacioglu, S. (2021). CRISPR-Cas9 gene editing for sickle cell disease and β-thalassemia. New England Journal of Medicine, 384(3), 252–260. https://doi.org/10.1056/nejmoa2031054.

3. Olson, E. N. (2021). Toward the correction of muscular dystrophy by gene editing. Proceedings of the National Academy of Sciences, 118(22). https://doi.org/10.1073/pnas.2004840117.

4. DeMartino, P., Haag, M. B., Hersh, A. R., Caughey, A. B., & Roth, J. A. (2021). A budget impact analysis of gene therapy for sickle cell disease. JAMA Pediatrics, 175(6), 617–623. https://doi.org/10.1001/jamapediatrics.2020.7140.

5. Quinn, C., Young, C., Thomas, J., & Trusheim, M. (2019). Estimating the clinical pipeline of cell and gene therapies and their potential economic impact on the US healthcare system. Value in Health, 22(6), 621–626. https://doi.org/10.1016/j.jval.2019.03.014.

18장. 항생제 내성 박테리아를 막는 바이러스

1. Hutchings, M. I., Truman, A. W., & Wilkinson, B. (2019). Antibiotics: Past, present and future. Current Opinion in Microbiology, 51, 72–80. https://doi.org/10.1016/j.mib.2019.10.008.

2. Stern, A., & Sorek, R. (2010). The phage-host arms race: Shaping the evolution of microbes. BioEssays, 33(1), 43–51. https://doi.org/10.1002/bies.201000071.

3. Fruciano, D. E., & Bourne, S. (2007). Phage as an antimicrobial agent: d'Herelle's heretical theories and their role in the decline of phage prophylaxis in the West. Canadian Journal of Infectious Diseases and Medical Microbiology, 18(1), 19–26. https://doi.org/10.1155/2007/976850.

4. Keen, E. C. (2012). Phage therapy: Concept to cure. Frontiers in Microbiology, 3. https://doi.org/10.3389/fmicb.2012.00238.

5. Schooley, R. T., & Strathdee, S. (2020). Treat phage like living antibiotics. Nature Microbiology, 5(3), 391–392. https://doi.org/10.1038/s41564-019-0666-4.

6. Nayfach, S., Roux, S., Seshadri, R., Udwary, D., Varghese, N., Schulz, F., Wu, D., Paez-Espino, D., Chen, I.-M., Huntemann, M., Palaniappan, K., Ladau, J., Mukherjee, S., Reddy, T. B., Nielsen, T., Kirton, E., Faria, J. P., Edirisinghe, J. N., Henry, C. S.,···Eloe-Fadrosh, E. A. (2020). A genomic catalog of Earth's microbiomes. Nature Biotechnology, 39(4), 499–509. https://doi.org/10.1038/s41587-020-0718-6.

7. Doron, S., Melamed, S., Ofir, G., Leavitt, A., Lopatina, A., Keren, M., Amitai, G., & Sorek, R. (2018). Systematic discovery of antiphage defense systems in the microbial pangenome. Science, 359(6379). https://doi.org/10.1126/science.aar4120.

19장. 간 질환 마우스의 수명을 연장한 미니 간

1. Velazquez, J. J., LeGraw, R., Moghadam, F., Tan, Y., Kilbourne, J., Maggiore, J. C., Hislop, J., Liu, S., Cats, D., Chuva de Sousa Lopes, S. M., Plaisier, C., Cahan, P., Kiani, S., & Ebrahimkhani, M. R. (2020). Gene regulatory network analysis and engineering directs development and vascularization of multilineage human liver organoids. *Cell Systems*, *12*(1). https://doi.org/10.1016/j.cels.2020.11.002.

2. *Personalized medicine: A biological approach to patient treatment*. (2016, February 26). US Food and Drug Administration. https://www.fda.gov/drugs/news-events-human-drugs/personalized-medicine-biological-approach-patient-treatment.

3. *What is synthetic/engineering biology?* (n.d.). Engineering Biology Research Consortium. https://ebrc.org/what-is-synbio/.

4. *Organoids*. (2018, January). Nature. https://www.nature.com/articles/
nmeth.4576.pdf?origin=ppub.

5. Guye, P., Ebrahimkhani, M. R., Kipniss, N., Velazquez, J. J., Schoenfeld, E., Kiani,
S., Griffith, L. G., & Weiss, R. (2016). Genetically engineering self-organization
of human pluripotent stem cells into a liver bud-like tissue using GATA6. *Nature
Communications*, *7* (1). https://doi.org/10.1038/ncomms10243.

20장. 인간 질병과 치료법을 연구하기 위한 '인간화 돼지'

1. Meurens, F., Summerfield, A., Nauwynck, H., Saif, L., & Gerdts, V. (2012). The
pig: A model for human infectious diseases. *Trends in Microbiology*, *20*(1), 50-57.
https://doi.org/10.1016/j.tim.2011.11.002.

2. Dawson, H. D., Loveland, J. E., Pascal, G., Gilbert, J. G. R., Uenishi, H., Mann,
K. M., Sang, Y., Zhang, J., Carvalho-Silva, D., Hunt, T., Hardy, M., Hu, Z.,
Zhao, S.-H., Anselmo, A., Shinkai, H., Chen, C., Badaoui, B., Berman, D., Amid,
C.,…Tuggle, C. K. (2013, May 15). Structural and functional annotation of the porcine
immunome. *BMC Genomics*. https://bmcgenomics.biomedcentral.com/articl
es/10.1186/1471-2164-14-332.

3. Boettcher, A. N., Li, Y., Ahrens, A. P., Kiupel, M., Byrne, K. A., Loving, C. L.,
Cino-Ozuna, A. G., Wiarda, J. E., Adur, M., Schultz, B., Swanson, J. J., Snella,
E. M., Ho, C.-S. (S.), Charley, S. E., Kiefer, Z. E., Cunnick, J. E., Putz, E. J.,
Dell'Anna, G., Jens, J.,…Tuggle, C. K. (2020, February 6). Novel engraftment and
T cell differentiation of human hematopoietic cells in *ART−/− IL2RG−/Y SCID
pigs*. *Frontiers in Immunology*. https://www.frontiersin.org/articles/10.3389/
fimmu.2020.00100/full.

4. Mosier, D. E., Gulizia, R. J., Baird, S. M., & Wilson, D. B. (1988). Transfer of a
functional human immune system to mice with severe combined immunodeficiency.
Nature, *335*(6187), 256-259. https://doi.org/10.1038/335256a0.

5. Hodge, R. D., Bakken, T. E., Miller, J. A., Smith, K. A., Barkan, E. R., Graybuck,
L. T., Close, J. L., Long, B., Johansen, N., Penn, O., Yao, Z., Eggermont, J.,

Hollt, T., Levi, B. P., Shehata, S. I., Aevermann, B., Beller, A., Bertagnolli, D., Brouner, K.,···Lein, E. S. (2019). Conserved cell types with divergent features in human versus mouse cortex. *Nature, 573* (7772), 61-68. https://doi.org/10.1038/s41586-019-1506-7.

6. Boettcher, A. N., Kiupel, M., Adur, M., Cocco, E., Santin, A., Charley, S., Risinger, J., Tuggle, C., & Shapiro, E. (2018). Abstract LB-042: Successful tumor formation following xenotransplantation of primary human ovarian cancer cells into severe combined immunodeficient (SCID) pigs. *Tumor Biology.* https://doi.org/10.1158/1538-7445.am2018-lb-042.

7. Powell, E. J., Charley, S., Boettcher, A. N., Varley, L., Brown, J., Schroyen, M., Adur, M. K., Dekkers, S., Isaacson, D., Sauer, M., Cunnick, J., Ellinwood, N. M., Ross, J. W., Dekkers, J. C. M., & Tuggle, C. K. (2018). Creating effective biocontainment facilities and maintenance protocols for raising specific pathogen-free, severe combined immunodeficient (SCID) pigs. *Laboratory Animals, 52*(4), 402-412. https://doi.org/10.1177/0023677217750691.

21장. AI가 '환각하는' 단백질의 새로운 구조

1. Dimitrov, D. S. (2012). Therapeutic proteins. In V. Voynov & Caravella (Eds.). Therapeutic proteins: Methods and protocols. (2nd ed., pp. 1-26). Humana Press. https://doi.org/10.1007/978-1-61779-921-11.

2. Cao, L., Goreshnik, I., Coventry, B., Case, J. B., Miller, L., Kozodoy, L., Chen, R. E., Carter, L., Walls, A. C., Park, Y.-J., Strauch, E.-M., Stewart, L., Diamond, M. S., Veesler, D., & Baker, D. (2020). De novo design of picomolar SARS-CoV-2 miniprotein inhibitors. Science, 370(6515), 426-431. https://doi.org/10.1126/science.abd9909.

3. Anishchenko, I., Pellock, S. J., Chidyausiku, T. M., Ramelot, T. A., Ovchinnikov, S., Hao, J., Bafna, K., Norn, C., Kang, A., Bera, A. K., DiMaio, F., Carter, L., Chow, C. M., Montelione, G. T., & Baker, D. (2021). De novo protein design by deep network hallucination. Nature, 600(7889), 547-552. https://doi.org/10.1038/

s41586-021-04184-w.

4. Yang, J., Anishchenko, I., Park, H., Peng, Z., Ovchinnikov, S., & Baker, D. (2020). Improved protein structure prediction using predicted interresidue orientations. Proceedings of the National Academy of Sciences, 117(3), 1496-1503. https://doi.org/10.1073/pnas.1914677117.

5. Wang, J., Lisanza, S., Juergens, D., Tischer, D., Watson, J. L., Castro, K. M., Ragotte, R., Saragovi, A., Milles, L. F., Baek, M., & Anishchenko, I. (2022). Scaffolding protein functional sites using deep learning. Science, 377(6604), 387-394. https://doi.org/10.1126/science.abn2100.

6. Sesterhenn, F., Yang, C., Bonet, J., Cramer, J. T., Wen, X., Wang, Y., Chiang, C.-I., Abriata, L. A., Kucharska, I., Castoro, G., Vollers, S. S., Galloux, M., Dheilly, E., Rosset, S., Corthesy, P., Georgeon, S., Villard, M., Richard, C.-A., Descamps, D., . . . Correia, B. E. (2020). De novo protein design enables the precise induction of RSV-neutralizing antibodies. Science, 368(6492). https://doi.org/10.1126/science.aay5051.

22장. 유전 질환을 치료하는 박테리아 공학

1. Peng, R., Lin, G., & Li, J. (2015). Potential pitfalls of CRISPR/Cas9-mediated genome editing. *FEBS Journal*, 283(7), 1218-1231. https://doi.org/10.1111/febs.13586.

2. Sonnenburg, J. L., Xu, J., Leip, D. D., Chen, C.-H., Westover, B. P., Weatherford, J., Buhler, J. D., & Gordon, J. I. (2005). Glycan foraging in vivo by an intestine-adapted bacterial symbiont. *Science*, 307(5717), 1955-1959. https://doi.org/10.1126/science.1109051.

3. Karl, J. P., Meydani, M., Barnett, J. B., Vanegas, S. M., Barger, K., Fu, X., Goldin, B., Kane, A., Rasmussen, H., Vangay, P., Knights, D., Jonnalagadda, S. S., Saltzman, E., Roberts, S. B., Meydani, S. N., & Booth, S. L. (2017). Fecal concentrations of bacterially derived vitamin K forms are associated with gut microbiota composition but not plasma or fecal cytokine concentrations in healthy adults. *American Journal of*

Clinical Nutrition, *106*(4), 1052-1061. https://doi.org/10.3945/ajcn.117.155424.

4. Olszak, T., An, D., Zeissig, S., Vera, M. P., Richter, J., Franke, A., Glickman, J. N., Siebert, R., Baron, R. M., Kasper, D. L., & Blumberg, R. S. (2012). Microbial exposure during early life has persistent effects on natural killer T cell function. *Science*, *336*(6080), 489-493. https://doi.org/10.1126/science.1219328.

5. Sonnenborn, U. (2016). *Escherichia coli* strain Nissle 1917—from bench to bedside and back: History of a special Escherichia coli strain with probiotic properties. *FEMS Microbiology Letters*, *363*(19). https://doi.org/10.1093/femsle/fnw212.

6. Riglar, D. T., Giessen, T. W., Baym, M., Kerns, S. J., Niederhuber, M. J., Bronson, R. T., Kotula, J. W., Gerber, G. K., Way, J. C., & Silver, P. A. (2017). Engineered bacteria can function in the mammalian gut long-term as live diagnostics of inflammation. *Nature Biotechnology*, *35*(7), 653-658. https://doi.org/10.1038/nbt.3879.

23장. 오피오이드 과다 복용을 방지하는 사람 뇌세포 유전자 편집

1. Jalal, H., Buchanich, J. M., Roberts, M. S., Balmert, L. C., Zhang, K., & Burke, D. S. (2018). Changing dynamics of the drug overdose epidemic in the United States from 1979 through 2016. *Science*, *361*(6408). https://doi.org/10.1126/science.aau1184.

2. Stevens, C. W. (2020). Receptor-centric solutions for the opioid epidemic: Making the opioid user impervious to overdose death. *Journal of Neuroscience Research*, *100*(1), 322-328. https://doi.org/10.1002/jnr.24636.

3. Levitt, E. S., Abdala, A. P., Paton, J. F., Bissonnette, J. M., & Williams, J. T. (2015). μ opioid receptor activation hyperpolarizes respiratory-controlling Kolliker-fuse neurons and suppresses post-inspiratory drive. *Journal of Physiology*, *593*(19), 4453-4469. https://doi.org/10.1113/jp270822.

4. Loh, H. H., Liu, H.-C., Cavalli, A., Yang, W., Chen, Y.-F., & Wei, L.-N. (1998). μ opioid receptor knockout in mice: Effects on ligand-induced analgesia and morphine lethality. *Molecular Brain Research*, *54*(2), 321-326. https://

doi.org/10.1016/s0169-328x(97)00353 -7.

5. Varga, A. G., Reid, B. T., Kieffer, B. L., & Levitt, E. S. (2019). Differential impact of two critical respiratory centres in opioid-induced respiratory depression in awake mice. *Journal of Physiology*, *598*(1), 189-205. https://doi.org/10.1113/jp278612.

6. Medrano, M. C., Santamarta, M. T., Pablos, P., Aira, Z., Buesa, I., Azkue, J. J., Mendiguren, A., & Pineda, J. (2017). Characterization of functional μ opioid receptor turnover in rat locus coeruleus: An electrophysiological and immunocytochemical study. *British Journal of Pharmacology*, *174*(16), 2758-2772. https://doi.org/10.1111/bph.13901.

7. Bonnie, R. J., Kesselheim, A. S., & Clark, D. J. (2017). Both urgency and balance needed in addressing opioid epidemic. *JAMA*, *318*(5), 423. https://doi.org/10.1001/jama.2017.10046.

24장. 유전자 치료 시 면역 반응에 대처하는 크리스퍼

1. Shirley, J. L., de Jong, Y. P., Terhorst, C., & Herzog, R. W. (2020). Immune responses to viral gene therapy vectors. Molecular Therapy, 28(3), 709-722. https://doi.org/10.1016/j.ymthe.2020.01.001.

2. Rinde, M. (2019, July 16). The death of Jesse Gelsinger, 20 years later. Science History Institute. https://www.sciencehistory.org/distillations/the-death-of-jesse-gelsinger-20-years-later.

3. Mulholland, E. J. (2020, April 17). Start your engines: The hemophilia drug race is on. American Society of Gene and Cell Therapy. https://asgct.org/research/news/april-2020/world-hemophilia-day.

4. Saey, T. H. (2020, October 9). Explainer: How CRISPR works. Science News for Students. https://www.sciencenewsforstudents.org/article/explainer-how-crispr-works.

5. Moghadam, F., LeGraw, R., Velazquez, J. J., Yeo, N. C., Xu, C., Park, J., Chavez, A., Ebrahimkhani, M. R., & Kiani, S. (2020). Synthetic immunomodulation with a CRISPR super-repressor in vivo. Nature Cell Biology, 22(9), 1143-1154. https://do

i.org/10.1038/s41556-020-0563-3.

25장. 이식 장기 부족 문제를 해결하는 3D 프린팅

1. Gridelli, B., & Remuzzi, G. (2000). Strategies for making more organs available for transplantation. New England Journal of Medicine, 343(6), 404–410. https://doi.org/10.1056/nejm200008103430606.

2. Sarker, M. D., Naghieh, S., McInnes, A. D., Schreyer, D. J., & Chen, X. (2018). Regeneration of peripheral nerves by nerve guidance conduits: Influence of design, biopolymers, cells, growth factors, and physical stimuli. Progress in Neurobiology, 171, 125–150. https://doi.org/10.1016/j.pneurobio.2018.07.002; Dewan, M. C., Rattani, A., Fieggen, G., Arraez, M. A., Servadei, F., Boop, F. A., Johnson, W. D., Warf, B. C., & Park, K. B. (2019). Global neurosurgery: The current capacity and deficit in the provision of essential neurosurgical care. Executive summary of the global neurosurgery initiative at the Program in Global Surgery and Social Change. Journal of Neurosurgery, 130(4), 1055–1064. https://doi.org/10.3171/2017.11.jns171500.

3. Sinis, N., Schaller, H.-E., Schulte-Eversum, C., Schlosshauer, B., Doser, M., Dietz, K., Rosner, H., Muller, H.-W., & Haerle, M. (2005). Nerve regeneration across a 2-cm gap in the rat median nerve using a resorbable nerve conduit filled with Schwann cells. Journal of Neurosurgery, 103(6), 1067–1076. https://doi.org/10.3171/jns.2005.103.6.1067.

4. Naghieh, S., Sarker, M. D., Abelseth, E., & Chen, X. (2019). Indirect 3D bioprinting and characterization of alginate scaffolds for potential nerve tissue engineering applications. Journal of the Mechanical Behavior of Biomedical Materials, 93, 183–193. https://doi.org/10.1016/j.jmbbm.2019.02.014.

5. Sarker, M. D., Naghieh, S., McInnes, A. D., Schreyer, D. J., & Chen, X. (2018). Regeneration of peripheral nerves by nerve guidance conduits: Influence of design, biopolymers, cells, growth factors, and physical stimuli. Progress in Neurobiology, 171, 125–150. https://doi.org/10.1016/j.pneurobio.2018.07.002.

6. Naghieh, S., Karamooz-Ravari, M. R., Sarker, M. D., Karki, E., & Chen, X. (2018). Influence of crosslinking on the mechanical behavior of 3D printed alginate scaffolds: Experimental and numerical approaches. Journal of the Mechanical Behavior of Biomedical Materials, 80, 111-118. https://doi.org/10.1016/j.jmbbm.2018.01.034.

26장. 장수 유전자를 찾아서

1. Lopez-Otin, C., Blasco, M. A., Partridge, L., Serrano, M., & Kroemer, G. (2013). The hallmarks of aging. *Cell*, *153*(6), 1194-1217. https://doi.org/10.1016/j.cell.2013.05.039

2. Jones, O. R., Scheuerlein, A., Salguero-Gomez, R., Camarda, C. G., Schaible, R., Casper, B. B., Dahlgren, J. P., Ehrlen, J., Garcia, M. B., Menges, E. S., Quintana-Ascencio, P. F., Caswell, H., Baudisch, A., & Vaupel, J. W. (2014). Diversity of ageing across the tree of life. *Nature*, *505*, 169-173 (2014). https://doi.org/10.1038/nature12789.

3. Junnila, R. K., List, E. O., Berryman, D. E., Murrey, J. W., & Kopchick, J. J. (2013). The GH/IGF-1 axis in ageing and longevity. *Nature Reviews Endocrinology*, *9*(6), 366-376. https://doi.org/10.1038/nrendo.2013.67.

4. Keane, M., Semeiks, J., Webb, A. E., Li, Y. I., Quesada, V., Craig, T., Madsen, L. B., van Dam, S., Brawand, D., Marques, P. I., Michalak, P.,…de Magalhaes. (2015). Insights into the evolution of longevity from the bowhead whale genome. *Cell Reports*, *10*(1), 112-122. https://doi.org/10.1016/j.celrep.2014.12.008.

5. Sulak, M., Fong, L., Mika, K., Chigurupati, S., Yon, L., Mongan, N. P., Emes, R. D., & Lynch, V. J. (2016). *TP53* copy number expansion is associated with the evolution of increased body size and an enhanced DNA damage response in elephants. eLife, *5*, e11994. https://doi.org/10.7554/eLife.11994.

6. Dumble, M., Moore, L., Chambers, S. M., Geiger, H., Van Zant, G., Goodell, M. A., & Donehower, L. A. (2006). The impact of altered p53 dosage on hematopoietic stem cell dynamics during aging. *Blood*, *109*(4), 1736-1742. https://doi.org/10.1182/blood-2006-03-010413.

7. Kowalczyk, A., Partha, R., Clark, N. L., & Chikina, M. (2020). Pan-mammalian analysis of molecular constraints underlying extended lifespan. *eLife*, *9*. https://doi.org/10.7554/elife.51089.

8. Ma, S., & Gladyshev, V. N. (2017). Molecular signatures of longevity: Insights from cross-species comparative studies. *Seminars in Cell* & *Developmental Biology*, *70*, 190-203. https://doi.org/10.1016/j.semcdb.2017.08.007.

4부 | 유전학의 최전선과 윤리

1. Rose, J. (2000, October 7). "This has revolutionised the molecular life sciences." [Video interview]. The Nobel Prize. [Website]. Prize announcement. https://www.nobelprize.org/prizes/chemistry/2020/prize-announcement/. Quotation spoken at 14:40.

27장. 시험관 아기 관점에서 본 크리스퍼

1. Wade, J. J., MacLachlan, V., & Kovacs, G. (2015). The success rate of IVF has significantly improved over the last decade. *Australian and New Zealand Journal of Obstetrics and Gynaecology*, *55*(5), 473-476. https://doi.org/10.1111/ajo.12356.

2. Ma, H., Marti-Gutierrez, N., Park, S.-W., Wu, J., Lee, Y., Suzuki, K., Koski, A., Ji, D., Hayama, T., Ahmed, R., Darby, H., Van Dyken, C., Li, Y., Kang, E., Park, A.-R., Kim, D., Kim, S.-T., Gong, J., Gu, Y.,…Mitalipov, S. (2017). Correction of a pathogenic gene mutation in human embryos. *Nature*, *548*(7668), 413-419. https://doi.org/10.1038/nature23305.

3. Wertz, D. C. (2002). Embryo and stem cell research in the United States: History and politics. *Gene Therapy*, *9*(11), 674-678. https://doi.org/10.1038/sj.gt.3301744.

4. Moustafa Kamel, R. (2013). Assisted reproductive technology after the birth of Louise Brown. *Journal of Reproduction* & *Infertility*, *14*(3). https://doi.org/10.4172/2161-0932.1000156.

5. *Abortion viewed in moral terms: Fewer see stem cell research and IVF as moral issues.* (2013, August 15). Pew Research Center. https://www.pewresearch.org/religion/2013/08/15/abortion-viewed-in-moral-terms/.

6. Levin, Y. (2008). Public opinion and the embryo debates. *New Atlantis*(Spring). https://thenewatlantis.com/wp-content/uploads/legacy-pdfs/20080607TNA20Levin.pdf. p.46.

7. Blendon, R. J., Gorski, M. T., & Benson, J. M. (2016). The public and the gene-editing revolution. *New England Journal of Medicine, 374*(15), 1406-1411. https://doi.org/10.1056/nejmp1602010.

8. Ma, H., Marti-Gutierrez, N., Park, S.-W., Wu, J., Lee, Y., Suzuki, K., Koski, A., Ji, D., Hayama, T., Ahmed, R., Darby, H., Van Dyken, C., Li, Y., Kang, E., Park, A.-R., Kim, D., Kim, S.-T., Gong, J., Gu, Y.,…Mitalipov, S. (2017). Correction of a pathogenic gene mutation in human embryos. *Nature, 548*(7668), 413-419. https://doi.org/10.1038/nature23305.

28장. 세 부모 아기

1. Zhang, J., Liu, H., Luo, S., Lu, Z., Chavez-Badiola, A., Liu, Z., Yang, M., Merhi, Z., Silber, S. J., Munne, S., Konstantinidis, M., Wells, D., Tang, J. J., & Huang, T. (2017). Live birth derived from oocyte spindle transfer to prevent mitochondrial disease. *Reproductive BioMedicine Online, 34*(4), 361-368. https://doi.org/10.1016/j.rbmo.2017.01.013.

2. Adashi, E. Y., & Cohen, I. G. (2017). Mitochondrial replacement therapy: Unmade in the USA. *JAMA, 317*(6), 574. https://doi.org/10.1001/jama.2016.20935.

3. Hamilton, G. (2015). The hidden risks for "three-person: babies. *Nature, 525*(7570), 444-446. https://doi.org/10.1038/525444a.

4. Taanman, J.-W. (1999). The mitochondrial genome: Structure, transcription, translation and replication. *Biochimica et Biophysica Acta (BBA)—Bioenergetics, 1410*(2), 103-123. https://doi.org/10.1016/s0005-2728(98)00161-3.

29장. 유전자 편집 식품 평가를 위한 유연한 도구

1. Carroll, D., Van Eenennaam, A. L., Taylor, J. F., Seger, J., & Voytas, D. F. (2016). Regulate genome-edited products, not genome editing itself. *Nature Biotechnology*, *34*(5), 477–479. https://doi.org/10.1038/nbt.3566.

2. Steinbrecher, R. A. (2015, December). *Genetic engineering in plants and the "new breeding techniques (NBTs)": Inherent risks and the need to regulate*. EcoNexus. https://www.econexus.info/files/NBT%20Briefing%20-%20EcoNexus%20December%202015.pdf. p. 5.

3. Darwin, C. (1859/2007). *On the origin of species*. Cosimo. p. 34.

4. Wurtzebach, Z., & Schultz, C. (2016). Measuring ecological integrity: History, practical applications, and research opportunities. *BioScience*, *66*(6), 446–457. https://doi.org/10.1093/biosci/biw037.

5. Rodicio, R., & Heinisch, J. J. (2010). Together we are strong—cell wall integrity sensors in yeasts. *Yeast*, *27*(8), 531–540. https://doi.org/10.1002/yea.1785.

6. Bueren, E. T., & Struik, P. C. (2005). Integrity and rights of plants: Ethical notions in organic plant breeding and propagation. *Journal of Agricultural and Environmental Ethics*, *18*(5), 479–493. https://doi.org/10.1007/s10806-005-0903-0.

7. Waters, R. (2006). Maintaining genome integrity. *EMBO Reports*, *7*(4), 377–381. https://doi.org/10.1038/sj.embor.7400659.

8. Stephan, H. R. (2012). Revisiting the transatlantic divergence over GMOs: Toward a cultural-political analysis. *Global Environmental Politics*, *12*(4), 104–124. https://doi.org/10.1162/glepa00142.

9. Preston, C., & Antonsen, T. (2021). Integrity and agency: Negotiating new forms of human-nature relations in biotechnology. *Environmental Ethics*, *43*(1), 21–41. https://doi.org/10.5840/enviroethics202143020.

30장. 실험실 배양 배아와 인간-원숭이 잡종

1. Aguilera-Castrejon, A., Oldak, B., Shani, T., Ghanem, N., Itzkovich, C., Slomovich, S., Tarazi, S., Bayerl, J., Chugaeva, V., Ayyash, M., Ashouokhi, S., Sheban, D.,

Livnat, N., Lasman, L., Viukov, S., Zerbib, M., Addadi, Y., Rais, Y., Cheng, S.,···Hanna, J. H. (2021). Ex utero mouse embryogenesis from pre-gastrulation to late organogenesis. *Nature*, *593*(7857), 119–124. https://doi.org/10.1038 /s41586-021-03416-3.

2. Tan, T., Wu, J., Si, C., Dai, S., Zhang, Y., Sun, N., Zhang, E., Shao, H., Si, W., Yang, P., Wang, H., Chen, Z., Zhu, R., Kang, Y., Hernandez-Benitez, R., Martinez Martinez, L., Nunez Delicado, E., Berggren, W. T., Schwarz, M.,···Izpisua Belmonte, J. C. (2021). Chimeric contribution of human extended pluripotent stem cells to monkey embryos ex vivo. *Cell*, *184*(8), 2020–2032.e14. https://doi.org/10.1016/ j.cell.2021.03.020.

3. Wu, G., Bazer, F. W., Cudd, T. A., Meininger, C. J., & Spencer, T. E. (2004). Maternal nutrition and fetal development. *Journal of Nutrition*, *134*(9), 2169–2172. https://doi.org/10.1093/jn/134.9.2169.

4. Greely, H. T., & Farahany, N. A. (2021). Advancing the ethical dialogue about monkey/human chimeric embryos. *Cell*, *184*(8), 1962–1963. https:// doi.org/10.1016/j.cell.2021.03.044.

5. Sparrow, R. (2011). A not-so-new eugenics. *Hastings Center Report*, *41*(1), 32–42. https://doi.org/10.1002/j.1552-146x.2011.tb00098.x.

31장. 디자이너 베이비 가능성

1. Verlinsky, Y., Rechitsky, S., Schoolcraft, W., Strom, C., & Kuliev, A. (n.d.). Designer babies—are they a reality yet? Case report: Simultaneous preimplantation genetic diagnosis for Fanconi anaemia and HLA typing for cord blood transplantation. Reproductive BioMedicine Online, 1(2), 77. https://doi.org/10.1016 /S1472-6483(10)61943 -8.

2. Oliver, M. (2000, October 4). Genetic parenting—"designer babies." The Guardian. https://www.theguardian.com/world/2000/oct/04/qanda.markoliver.

3. Janssens, A. C., & van Duijn, C. M. (2010). An epidemiological perspective on the future of direct-to-consumer personal genome testing. Investigative Genetics, 1(1).

https://doi.org/10.1186/2041-2223-1-10.

4. Fleming, A. T. (1980, July 20). New frontiers in conception: Medical breakthroughs and moral dilemmas. New York Times.

5. Keynan, Y., Juno, J., Meyers, A., Ball, T. B., Kumar, A., Rubinstein, E., & Fowke, K. R. (2010). Chemokine receptor 5 ⊿32 allele in patients with severe pandemic (H1N1) 2009. Emerging Infectious Diseases, 16(10), 1621-1622. https://doi.org/10.3201/eid1610.100108.

6. Quoted in Wilson, C. (2018, November 15). Exclusive: A new test can predict IVF embryos' risk of having a low IQ. NewScientist. https://www.newscientist.com/article/mg24032041-900-exclusive-a-new-test-can-predict-ivf-ebryos-risk-of-having-a-low-iq/.

7. Quoted in Dangerous science in China. (2019, November 28). Japan Times. https://www.japantimes.co.jp/opinion/2018/11/29/editorials/dangerous-science-china/.

32장. 생물무기 연구의 위험성

1. Gerstein, D., & Giordano, J. (2017). Rethinking the biological and toxin weapons convention? Health Security, 15(6), 638-641. https://doi.org/10.1089/hs.2017.0082.

2. Zilinskas, R. A. (1997). Iraq's biological weapons. The past as future? JAMA, 278(5), 418-424. https://doi.org/10.1001/jama.1997.03550050080037.

3. Sims, N. A. (2011). A simple treaty, a complex fulfillment: A short history of the biological weapons convention review conferences. Bulletin of the Atomic Scientists, 67(3), 8-15. https://doi.org/10.1177/0096340211407400.

4. Horowitz, M. C., & Narang, N. (2013). Poor man's atomic bomb? Exploring the relationship between "weapons of mass destruction." Journal of Conflict Resolution, 58(3), 509-535. https://doi.org/10.1177/0022002713509049.

5. Hart, J. (2006). Deadly cultures. Harvard University Press. https://doi.org/10.4159/9780674045132-007. See chapter 6, "The Soviet Biological Weapons Program," pp. 132-56.

6. Butler, D. (2001). Bioweapons treaty in disarray as US blocks plans for verification. Nature, 414(6865), 675–675. https://doi.org/10.1038/414675a.

33장. '바이오해커'가 보여주는 DIY 과학의 힘

1. Baumgaertner, E. (2021, October 15). The untold story of how a robot army waged war on COVID-19. Los Angeles Times. https://www.latimes.com/world-nation/story/2021-10-15/biohackers-tackle-covid-testing-variants-with-robots.

2. Press, T. A. (2008, April 22). Charge dropped against artist in terror case. New York Times.

3. Grushkin, D., Kuiken, T., & Millet, P. (n.d.). Seven myths and realities about do-it-yourself biology. Wilson Center. https://www.wilsoncenter.org/publication/seven-myths-and-realities-about-do-it-yourself-biolgy-0.

4. Stengers, I. (2018). Another science is possible: A manifesto for slow science (S. Muecke, Trans.). Polity Press. (Original work published 2013).

5. Wolinsky, H. (2016). The FBI and biohackers: An unusual relationship. EMBO Reports, 17(6), 793–796. https://doi.org/10.15252/embr.201642483.

찾아보기